别莱利曼·趣味科普经典丛书

有趣的天文

〔俄〕雅科夫·别莱利曼 著

刘时飞 译

中国水利水电出版社
www.waterpub.com.cn
·北京·

内 容 提 要

这是一本讲述天文学基础知识的趣味科普经典。别莱利曼介绍了天文学最基本的相关内容，他在对平时司空见惯的天文现象赋予了新颖有趣的解读的同时，还着力于用一些最基本的计算来证明它们。即使是最简单的问题，也会给出你意外的答案。你会发现天文学的神奇魅力，从专业天文学教程中过于艰深的理论和过于专业、复杂的器材而形成的困境中解放出来，轻松地迈进天文学的大门。

图书在版编目（CIP）数据

有趣的天文 /（俄罗斯）雅科夫·别莱利曼著；刘时飞译. -- 北京：中国水利水电出版社，2021.5
（别莱利曼趣味科普经典丛书）
ISBN 978-7-5170-9552-1

Ⅰ. ①有… Ⅱ. ①雅… ②刘… Ⅲ. ①天文学－青少年读物 Ⅳ. ①P1-49

中国版本图书馆CIP数据核字(2021)第073346号

书　　名	别莱利曼趣味科普经典丛书·有趣的天文 BIELAILIMAN QUWEI KEPU JINGDIAN CONGSHU·YOUQU DE TIANWEN
作　　者	［俄］雅科夫·别莱利曼　著　　刘时飞　译
出版发行	中国水利水电出版社 （北京市海淀区玉渊潭南路1号D座　100038） 网址：www.waterpub.com.cn E-mail：sales@waterpub.com.cn 电话：（010）68367658（营销中心）
经　　售	北京科水图书销售中心（零售） 电话：（010）88383994、63202643、68545874 全国各地新华书店和相关出版物销售网点
排　　版	北京水利万物传媒有限公司
印　　刷	唐山楠萍印务有限公司
规　　格	146mm×210mm　32开本　8.25印张　168千字
版　　次	2021年5月第1版　2021年5月第1次印刷
定　　价	49.80元

名师点评人简介

李轩，北京市育英学校青年地理教师，全国地理竞赛优秀辅导教师，天文奥林匹克竞赛优秀指导教师，中国地理学会会员，中国天文学会会员，中国长城学会会员，中国科学探险协会会员。曾作为项目负责人主持完成海淀区十二五规划课题《北京旅游地理校本教材的编写与实施》。

序

天文学给我们的印象往往是抽象的、晦涩难懂的科学，也有人说它是一门“四不”科学。所谓“四不”，即看不到、到不了、摸不着、等不到。这样一说便好理解了，我们已知的宇宙非常有限，即使通过哈勃望远镜可观测到的最大范围，也仅仅是宇宙的“冰山一角”，因此，在无边无际的宇宙中，仍有太多的天体或天文现象还未被人类发现，故称“看不到”；当然了，人类对宇宙的可视范围尚且如此渺小，更不用说可达范围了，目前人类踏足的最远星球就是我们的卫星——月球，人类发射的探测器最远也未飞出太阳系，对于太阳系以外的天体，我们更是望尘莫及，故称“到不了”；不仅如此，诸如炽热的气态恒星、能将时空扭曲的黑洞、宇宙的暗物质，更是“摸不得”的，我们又怎能在实验室中得出结论呢？另外，宇宙中的诸多现象，耗时均不短，大到一颗恒星从诞生到超新星爆发需要几百亿年，小到哈雷彗星每76年接近地球一次，仅凭人类几十年的寿命，又怎么能“等得到”呢？

正是因为科技水平的限制，让探索宇宙的人类显得无能为力，逐渐地，我们越发觉得天文学与我们遥不可及，因此更加敬而远之了。不过，现在不必担心了，这部由别莱利曼编著的《有趣的天文》，将以全新的视角，深入浅出，运用丰富的案例、有趣的实验、精彩的故事，引人入胜，一步一步把你领进天文学的大门，可以说，这是一部非常“接地气”的天文科普读物！

第一章　地球以及它的运动

第二章　月球和它的运动

第三章　行星

第四章　恒星

第五章　万有引力

第一章

地球以及它的运动

两地之间，直线最短？

小学课堂上，一位数学老师用粉笔在黑板上画出了两个点，并提问："有谁可以画出这两点之间的最短距离？"有一位同学举手，并走上讲台。他接过老师手中的粉笔，略加思索之后，在这两点之间连出了一条曲线。

这位老师感到很诧异，也很生气。他问这位学生："我们明明讲过'两点之间，直线最短'！你为什么连出了一条曲线呢？"

学生则回答："这是我爸爸教给我的，他是个公交车司机。"

同学们，你们是赞同这位老师的说法，还是这位学生的说法呢？在下面的图1中，相信很多同学已经知道，图中标为虚线的那条曲线，就是由好望角抵达澳大利亚最南端的最短航线。而图2中那条标为实线的曲线，则是由日本横滨抵达巴拿马运河的最短航线。由此看来，我们必须要认同那位学生的观点了。

如果你觉得我是在开玩笑的话，我可以向你证明：我所说的一切，都已经经过地图测绘员的测绘，被验证为事实了。

那么，这个问题究竟该如何解释？这时候就必须提到我们在日常生活中经常见到的地图，以及航海员工作时所必备的航海图了。关于这两种图，有一个基本常识：地球是一个球体。也就是说，它的任何一个部分，都无法被人为延展成一个中间既不重叠，又不破裂的平面图。所以，没有人能够在一个平面上完全真实地画出某一

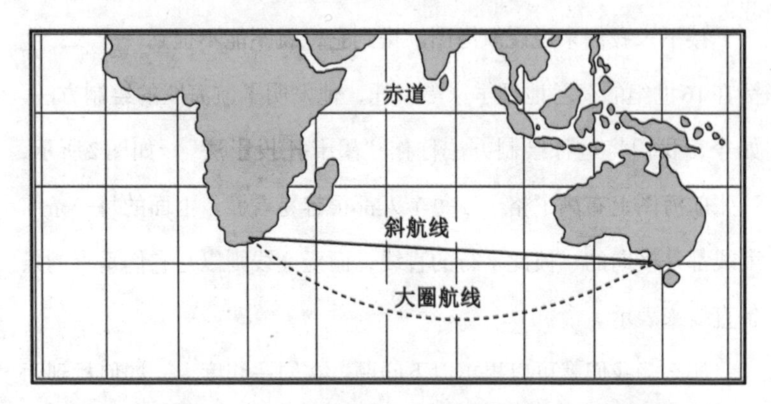

图1 在航海图上，南非的好望角与澳大利亚南端之间的最短路线是曲线（大圈航线），而不是直线（斜航线）

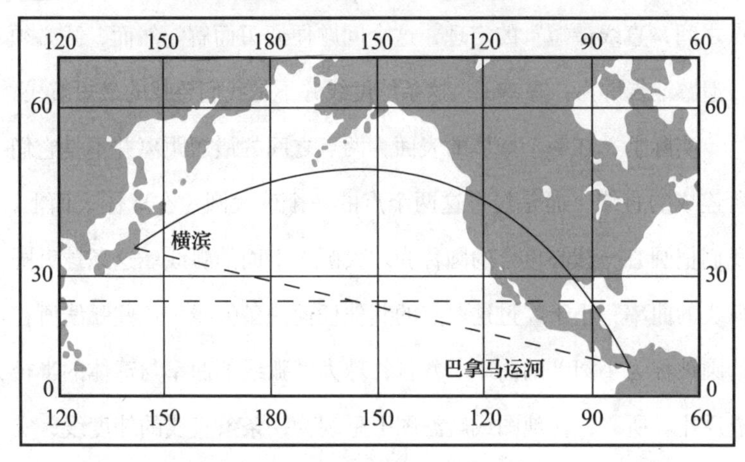

图2 在航海图上，连接日本横滨与巴拿马运河的曲线航线，要比这两点之间的直线航线要短

块陆地。故而在绘制地图和航海图时，人们就会对图中的事实进行一定程度的歪曲。从某种意义上说，想要找到一张没有经过歪曲和变形的地图，是根本不可能的。

接下来我们来说说航海图。提到它，就不能不提到一个人：生活在16世纪的荷兰地理学家墨卡托，他发明了航海图的绘制方法。如今，我们将这种绘制方法称作“墨卡托投影法”。如图2所示，这张航海图上布满了格子，每个人都很容易看懂。上面的每一条纬度线都是横向的、彼此平行的直线，而经度线则以与它们垂直的条条直线来表示。

那么，我们就可以提出以下问题：在同一纬度上，如何找到两个港口之间的最短航线？你可能下意识地认为，那一定是这两个港口之间的纬度线。由于地图上的纬度线全部都是直线，而根据“两点之间，直线最短”的定理，这个问题便迎刃而解。然而，我必须很遗憾地告诉你：答错了。这条纬度线并不是我们要找的最短航线。

实际上，在一个球体的表面，两点之间的最短距离并不是它们所连成的直线，而是经过这两个点的一个球大圆（在球体表面上，我们把圆心与球心重合的圆称为球大圆）上面的弧线。这条球大圆弧线的曲率，小于经过这两点的其他任何一条弧线（这些弧线所在的圆被称为小圆）的曲率。并且，球大圆弧线的曲率与球体的半径成反比。所以，在地图或航海图上呈现为一条条直线的纬度线，实际上都是地球上的一个个小圆，这也就意味着，同一纬度线上的两点之间，其最短距离并不等于纬度线。

我们可以通过图3的实验来证明这一点。在一个地球仪上标出任意两点，用一条线绕着地球仪将这两点相连，再将这条线拉紧，就会发现，这条线与纬度线根本就不重合。在图中我们可以发现，

图 3　通过图示的实验可以证明，最短的航线并不在纬线上

这条被拉紧的线才是这两点间的最短距离，而它并不是地球仪上的任何一条纬度线。这是因为，在地图上，我们用直线来表示地球上一条条弯曲的纬度线。而反过来说，地图上任何一条不与直线重合的线都是曲线。于是，我们就能明白，为什么航海图上两点之间的最短距离是曲线而不是直线了。

我们可以再举一个例子加以说明。许多年以前，在俄国爆发过一场巨大的争论。人们想在圣彼得堡和莫斯科之间修建一条铁路（即尼古拉铁路，又称十月铁路），但并不知道这条铁路究竟应该是直线还是曲线。最终，沙皇尼古拉一世亲自出面，结束了这场争论：这条铁路应该是一条直线，而不是一条曲线。我们可以想见，如果说尼古拉一世当年得到了像图2一样的一张地图，他就不会这么认为了。他肯定会说，这条铁路应该是曲线，而不是直线。

此外，我们还可以通过数学计算来进行更为严密的论证。

我们已经知道，在地图上曲线航道要比直线航道短。假设有这样两个港口，它们之间的距离是60°，并且与圣彼得堡同时位于北纬60°线上。至于地球上有没有这样真实的两个港口，并不是我

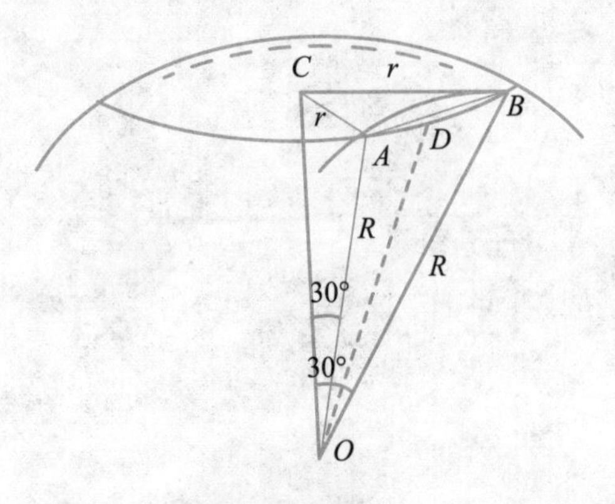

图 4 比较图中所示地球上 A、B 两点之间的纬圈弧线和大圆弧线的长度

们在此要考虑的问题。在图4中，O点代表地心，A和B则分别代表上述的两个港口，经过A、B两点的弧线是它们所处的纬度线，其弧长为60°，点C则是这条纬度线的圆心。我们以地心O为圆心，经过A和B画一个球大圆，就可以看出，球大圆的半径与球体半径相等，即$OA=OB=R$。在图上，这个球大圆的弧线与A和B所处的纬度线已经十分地接近，但它们并非同一条线。同时，我们还可以通过公式，计算出每一条弧线有多长。已知A和B同时位于北纬60°线上，所以，地球半径OA和OB与地轴OC的夹角分别都是30°。然而在$Rt\triangle ACO$中，30°角所对应的AC边长（即北纬60°纬线圈的半径）应等于大弦半径AO的一半，即$r=R/2$。而AB（上文已知为60°）的长度，应为北纬60°线（共360°）总体长度的1/6。由于纬线圈的半径$r=R/2$，所以纬线圈的长度是球大圆长度的一半。地球上每个球大圆的长度约为40000公里，因此，纬度线上AB弧线的长度是1/6乘40000的一半，约等于3333公里。

与此同时，我们还可以计算出通过A、B两点的球大圆的弧线长度，即我们要找的最短航线的长度。在小圆上，60°角所对应的弦恰好是小圆之内接正六边形的一边，故此，我们可以得知$AB=r=R/2$。将O点与弧线AB的中点D相连称直线OD，则可以得到一个$Rt\triangle ODA$，其中$\angle ODA$为90°。又因为$DA=AB/2$，$OA=R$，所以$\sin\angle AOD=DA/OA=1/4$。我们查阅三角函数表，可以得知$\angle AOD=14°28'5''$，即$\angle AOB=28°57'$。

拥有了以上这些数据，我们便可以轻易地算出最短航线的长度了。在地球上，球大圆弧度1′的长度大约为1海里，即1.85公里，于是28°57′就可以换算为约3213公里。

综合以上的计算，我们可以得知：如果按照纬度线航行，A、B两点之间的距离约为3333公里，而沿着球大圆的弧线（即图中的曲线）航行，距离约为3213公里，后者比前者省去了几乎120公里的路程。

如果有人想要验证一下图中的那条曲线究竟是不是球大圆的曲线，方法很简单：只需要一个地球仪和一条线。在图1中，好望角距离澳大利亚最南端，其直线航线约有6020海里，但曲线航线只有5450海里，减少了570海里，即1050公里。在地图上，如果在上海和伦敦之间连上一条直线，则这条直线一定会穿越里海；然而，它们之间的最短航线，则是过圣彼得堡继续向北。通过分析这些航线，我们便可以知道，如果在航行之前没有弄清航线的话，一定会造成时间和物资上的浪费。

在当前社会，时间和物质资源的节省非常重要。现在再也不是那个依靠着帆船出海航行的时代了，时间对我们每个人而言都异常宝贵。当轮船被发明出来之后，时间就变成了金钱，航线缩短，就意味着所需要的燃料也会节省，花销也就更少。所以，如今航海家们所使用的航海图并不依据墨卡托的设计，而是一种叫作“心射”的投影图。这种航海图用直线来表示球大圆的弧线，有了它，航船就可以始终以最短航线来航行了。

那么，对于历史上的航海家来说，他们是否知道我们在上文中所提到的知识呢？答案是确定的。既然如此，他们为什么依然使用墨卡托设计的地图，而不用依据球大圆绘制的航海图呢？实际上，这就好比每一枚硬币都有两个面一样：墨卡托设计的地图虽然存在着种种缺陷，但是在一定的条件下，如果利用得当，它依然会为航海家们提供相当大的便利与帮助。

首先，除了距离赤道太过遥远的地方之外，墨卡托地图所表示的面积较小的地区，其轮廓大致来说还是准确的。一个地方距离赤道越远，它在地图上所显示的面积就比实际上的面积越大，同时，一个地区所处的纬度越高，它在地图上遭到的拉伸就越严重。而对于门外汉来说，这样的地图就比较难以理解。比如，在墨卡托地图上，格陵兰岛的面积类似于整个非洲大陆，而阿拉斯加看上去则比澳大利亚大得多，如图5所示。然而实际上，格陵兰岛只相当于非洲面积的1/15，就算把它的面积和阿拉斯加的面积相加，其总和也只有澳大利亚的一半而已。不过，那些熟悉墨卡托地图的航海家们，并不将地图上陆地大小的差距视作问题，他们对此可以秉承包容的态度，因为在一块极小的区域内，航海图上所显示的陆地面积与实际情况其实相差不大。

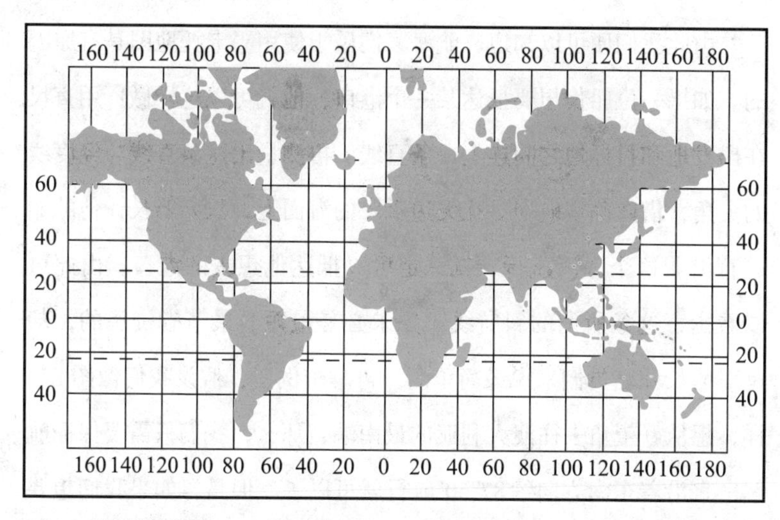

图 5　全球航海图，又叫墨卡托地图。在这种地图上，高纬度地区陆地轮廓被拉伸了，比如，格陵兰岛的面积比非洲的面积还要大

其次，在航海中，墨卡托地图会为航海家们提供极大的便利，因为它是唯一一种用直线来表示轮船定向航行航线的地图。所谓的“定向航行”，是指轮船航行的方向与方向角保持不变。也就是说，在航行时，轮船的航行轨迹与所有经度线所形成的夹角完全相等。这些围绕着地球的螺旋状曲线被称为“斜航线”，只有在墨卡托地图这种以平行直线表示经度线的航海图上，才可以用直线来表示航线。我们知道，地球上所有的经度线圈都与纬度线圈彼此垂直，即它们的夹角都是直角。因此，在墨卡托地图上，我们可以看到每一条经度线都垂直于纬度线。简单来说，墨卡托地图的一大特色，便是布满了这种以经度线和纬度线绘制而成的方格。

由此我们便可以知道，航海家们乐于使用墨卡托地图是有原因的。如果一位船长想要抵达某一个港口，他就可以这样做：用直尺在出发地和目标地之间连上一条直线，再测量出这条直线与经度线的夹角，借此确定航向。在无边无际的海面上，只要船长让他的船一直沿着这个方向航行，就一定可以抵达他想去的港口。由此可以看出，这条所谓的斜航线虽然未必是最短、最节省资源的，却是对船长和船员们来说最简单的。再举个例子：假设我们像图1一样，想从好望角去往澳大利亚的最南端，那么，我们只需要保证航船一直沿着东南方向约87°50′航行就可以了。但是，如果我们想要沿着最短航线前进，就必须时刻变换航船的行进方向：让航船先沿着东南42°50′的方向前行，抵达某一点后，再改为向东39°50′的方向。然而实际上，这条所谓的最短航线并不存在，如果沿着这样的航线，最终到达的就是南极点了。

一个很有意思的现象是：一些斜航线与球大圆的航线在某些地带会重合。当我们沿着赤道，或者经度线航行时，就是如此。这其中的原因是：在墨卡托地图上，这些地方的球大圆航线恰好是以直线绘制的。不过除此以外，其他地方的斜航线，就和球大圆上的航线完全不同了。

经度线长，还是纬度线长？

同学们在课堂上都学过相应的地理知识，因此对有关经度线与纬度线的问题应该都不会陌生。但是下面这个问题，大家未必能答得上来：1°的经度线总是比1°的纬度线长吗？

看过这个问题之后，很多人都会认为这是正确的。在这些人看来，答案很显然：任何一个经线圈都要比纬线圈长，而经度和纬度，又是根据每一条经线圈和纬线圈的总体长度计算得出的，故此1°的经度线自然要比1°的纬度线要长。这种解释看起来十分合理。然而必须说明的是，我们往往忽略了这样一个事实：地球并不是一个标准的正球体，而是一个类似于椭圆形的球体，越靠近赤道，弧度就越大，也就显得越来越扁平。对于这样一个不规则的球体来说，赤道的长度当然要大于经线圈的长度，甚至一些靠近赤道的纬线圈，也会比经线圈要长。通过计算，我们可以知道，从赤道到南北纬5°之间，纬线圈的长度要比经线圈长一些。

阿蒙森的飞艇飞往哪个方向？

挪威的南北极探险家罗阿尔德·阿蒙森（1872—1928），曾与同伴在1926年5月乘坐“挪威”号飞艇进行过一次探险。他们从孔格斯湾起飞，先是飞越了北极点，共计花去三天的时间，最终抵达了美国阿拉斯加州的巴罗角。

我想问的问题是：阿蒙森的团队从北极返回时，飞艇飞向哪个方向？当他们又从南极返回时，飞艇又飞往哪个方向呢？在没有任何辅助工具的情况下，你该如何回答这个问题？

北极点是整个地球的最北端。因此，在北极点的位置，无论朝哪个方向飞，其结果都是朝向南方。所以，当阿蒙森他们从北极点返回时，自然是向着南方飞行，而南方也是唯一的方向。在阿蒙森当时记录的日记中，有如下片段：

“我们的‘挪威’号飞艇在北极上空盘旋了一圈，便继续着航程……离开北极时，我们一直向南飞行，直到我们在罗马降落为止。”

依据同样的道理，南极点是整个地球的最南端，阿蒙森在经过南极点返航时，也是一直向着北方航行的。

作家普鲁特果夫写过一篇幽默小说，其中的主人公误打误撞闯入了一个位于世界最东端的国家。小说中有着这样的一段描写：

“不管是前、后还是左、右，一切方向都是朝东的！那么西方到底去哪儿了？你可能会误认为，你总有一天会找到西方，就好像是在浓雾的天气迷了路，却总能看到远处那个恍惚着晃动的一点……但是，这完全是不可能的！实际上，就算是你一直向后退，你也一直在朝着东走！总而言之，在这个国家，除了东方以外，根本就不存在其他的方向。”

然而事实上，地球上根本就没有这么一个前后左右都是东方的国家，却存在着北极点和南极点：在它们的周围，都是南方或者北方。如果你在北极建了一所房子，那么它的每一面都朝向南方；而如果这幢房子位于南极点，情况则完全相反。

五种常用的计时方法

在我们的日常生活中，钟表是非常常见的。然而，不知你是否有所思考：钟表所显示的时间，究竟代表了什么？当一个人说“现在是晚上7点”时，又究竟意味着什么？

你也许认为，这个人的意思是，他说话时钟表的时针恰好指向“7”这个数字。那么，这个数字“7”又究竟是什么意思呢？你可能会说，这表示正午之后，又过去了一个昼夜更替的7/24。然而，这一个昼夜又是怎样的一个昼夜？所谓的“一昼夜”，又究竟是什么含义呢？

在生活中，我们经常听到“又过去了一昼夜”这样的表述。在这个表述中，“一昼夜”就是指地球绕着地轴自转一圈所花费的时间。那么，我们该如何计算这个时间呢？我们可以找到观测员头顶正上方天空中的一个点（也就是所谓的“天顶”），再找到地平线正南方向上的一个点，再将这两个点连接起来，作为观测的基准线。接着，测量太阳的中心两次经过这条基准线之间的时间间隔，便是所谓的“一昼夜”了。当然，由于各种因素的影响，这个时间间隔每一次并不是那么固定，但彼此相差都不大。因此，我们也没有必要要求钟表完全契合于太阳的运行，因为对于人类而言，是根本没有可能达到这样严格的对应的。在一百多年之前，巴黎的时钟匠人就如此告诫人们：“关于时间，我们千万不要相信太阳——它是个骗子。”

然而，问题在于如果我们不相信太阳的话，又该用什么办法来校准我们所使用的时钟呢？事实上，那位巴黎匠人口中的“骗子”只是个夸张的说法，实际的太阳无法成为我们的参考，太阳模型却可以被我们用来进行校准。这个太阳模型无法像真实的太阳那样发光发热，我们只是利用它来校准时间。而且，我们假设这个太阳的运行速度恒定不变，但和真实的太阳在地球上“绕行”一圈（这个表述其实并不准确，因为实际上是地球自身在转动）的时间相同。在天文学中，我们将这个太阳模型称为“平均太阳”。当平均太阳经过我们之前所连的校准线时，我们把这一时刻称为“平均正午”，而将两个平均正午之间的相隔时间称为“平均太阳日”。依据这个理论，我们将利用这个模型推算出的时间称为“平均太阳时间”。我们可以看到，平均太阳时间和真实的太阳时间并不相同，但我们可以用它来校准我们钟表上的时间。如果你想知道一个地方的真实太阳时间，你可以利用日晷来进行测量。它用太阳照射在针上的投影来显示时间，与时钟不同。

也许有人会因此觉得，太阳经过校准线的时间间隔肯定存在着差异，因为地球绕着地轴进行自转时，速度一直在变化。但这种说法并不正确。事实上，这个时间差与地球的自转速度没有任何关系，而是由于地球绕行太阳公转速度的变化而引起的，如图6所示。

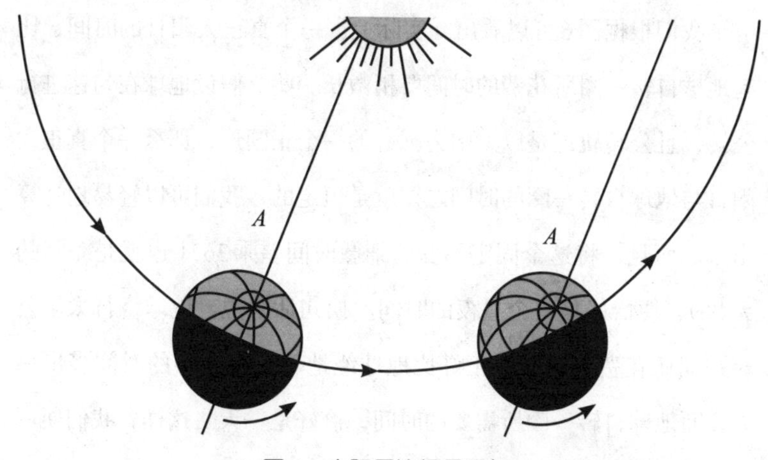

图6　太阳日比恒星日长

图6标注出了地球绕太阳公转时在轨道上所经过的两点。在地球右下方的箭头，代表地球的自转方向。从北极点上看，地球呈逆时针方向自转。对于左边地球上的A点而言，这时它正好直面太阳，意味着时间是正午12点。我们都知道，地球在自转时也围绕着太阳进行公转运动，那么，当地球自转一圈后，它在公转轨道上就会转移到偏右的某一个位置，也就是图中右边所显示的地球位置。这时，将点A与地心相连，这条地球半径的方向并未发生变化，却由于地球在公转轨道上的位置发生了改变，点A便不再直面太阳，而是偏向了靠左的一边。这时，点A的时间便不再是正午，等到过了几分钟，太阳越过点A与地心所连成的地球半径时，点A才迎来它的正午时间。

我们根据图6可以看出，实际上，一个真正太阳日的时间，比起地球自转一圈所花费的时间要稍微长一些。假设地球在匀速进行公转，且公转轨道是以太阳为圆心的一个正圆形，那么一个真正太阳日与地球自转一圈的时间之差就是恒定的，我们可以轻易地计算出来。而且，将这个固定不变的细微时间差乘365（也就是一年的天数），便恰好是一个昼夜的时间。换句话来说，地球绕行太阳公转一周所花费的时间，正好比地球绕地轴自转一年的时间多出一天，而地球自转一圈所需要的时间，恰好是一天。这样，我们便可以计算出地球自转一圈的时间为

$$365\frac{1}{4}\text{昼夜} \div 366\frac{1}{4}=23\text{小时}56\text{分}4\text{秒}$$

实际上，这个公式所计算出的一天的时间，恰好是地球以除太阳外其他任意一颗恒星为基准自转一圈时所花费的时间。故而，我们还可以将这样的一天称为“恒星日”。

恒星日比起一个太阳日要短3分56秒。如果将这个时间差四舍五入，便是4分钟。不过这里我们需要知道，由于各种因素的影响，这一时间差并不是恒定不变的。比如，地球并非匀速绕行太阳公转，而公转轨道也并非一个正圆形，而是个椭圆形。所以，地球的公转速度在靠近太阳的位置上会快一些，在远离太阳的位置上便会慢一些。另外，地球自转时的轴线与公转轨道的平面并非垂直，而是形成了一个夹角，故此，真正太阳时间与平均太阳时间也并不相等。在一年之内，只有4月15日、6月14日、9月1日和12月24日这四天，这两个时间才相等。

我们还能算出，在2月11日和11月2日这两天，真正太阳时间与平均太阳时间之间的差距最大，大概为15分钟。图7中的曲线，表示一年之内的每一天中真正太阳时间和平均太阳时间之间的差距。

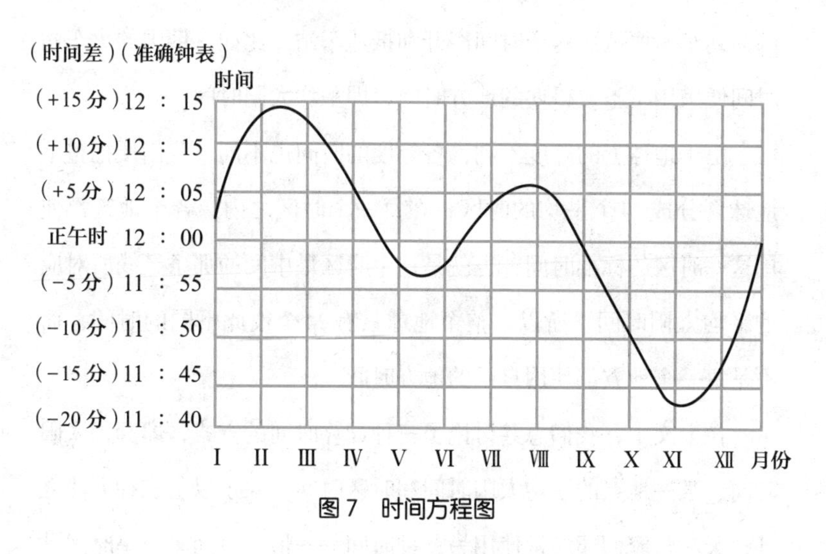

图7　时间方程图

在天文学中，我们通常将这张图称为“时间方程图”，用它来表示真实太阳正午和平均太阳正午之间的时间差。比如在4月1日，在计时准确的时钟上，真正的正午应该是12时5分，也就是说，图中的曲线只能够代表真正太阳正午的平均时间。大家一定看到或听说过“北京时间”“伦敦时间”等说法。之所以有这些不同的说法，是因为随着地球上各个地方的经度不同，每一经度上的平均太阳时间也不同。具体来说，每一座城市都有它自己的“地方时间”。在火车站，我们也会发现“城市时间”与“火车站时间”的不同，这是因为，所谓的“城市时间”是这座城市的所有钟表所显示的时间，所依据的乃是当地的平均太阳时间；而全国的“火车站时间”是统一的，一般都以该国的首都或某座重要城市的地方时间为准，因为列车需要依照这个时间离开和抵达车站。比如，俄国的火车站时间便采用了圣彼得堡的地方时间，即平均太阳时间。

由于地球上的经度不同，各经度的时间也不同，我们便把整个地球划分成24个平均的时区，在每一个时区之内，各个地区都使用这一时区的标准时间，也就是这个时区最中间的那条经线所对应的平均太阳时间。所以，整个地球只有24个彼此不同的时间，而不是每一个地方都使用自己的地方时间。

在上文中，我们总共讨论了三种计算时间的方式，即真正太阳时间、某一地点的平均太阳时间和时区时间。除了以上三种方法之外，天文学家们还经常使用另一种时间——恒星时间。恒星时间是通过恒星日计算得来的。如前所述，与平均太阳时间相比，恒星时间要短大约4分钟，并且在每年的3月22日与平均太阳时间相等。然而，从这一天的第二天开始，每一天的恒星时间就要比平均太阳时间早4分钟了。

第五种计时方式，被称为“法令规定时间”。与时区时间相比，它往往要早出一个小时，这是为了调节人们在每年中白昼比黑夜更长的那些季节的生活作息，通常由春季至秋季，这样就可以促使人们减少燃料和电的使用。在西欧的很多国家，通常只在春天使用这种时间，具体说来，就是将春季的半夜1时在钟表上调快至2时，到了秋天，再将当时拨快的时间调回来，这样就可以使时间恢复正常了。而俄国则会在全年都如此调整时间，目的也是减轻发电设施的负担。

说到这儿，还有一则小小的插曲：俄国是自1917年起使用这样的法令规定时间的，并且还曾经将时间提前过好几个小时。中间有几个年头，这样的调整曾经中断；直到1930年春天，政府又重新规定恢复法令规定时间，并且把地区时间统一提前了一个小时。

白昼的长度

一份天文年历表，可以帮助我们计算出任何一个地方在一年中的任意一天的精确的白昼时长。但在日常生活中，我们并不需要如此精确的时间，取一个近似值就够用了。例如图8中所显示的数据，便足够我们使用。图8中，左边纵轴的数字代表了一天中的白昼小时数；下边横轴的度数则表示太阳和天球赤道的角距，我们一般将它称作太阳的“赤纬”；斜线则表示观测点所在的纬度。在右边的图表中，我们还标注了一年中几个特殊日期的赤纬数值，以便同学们参考。

由此，让我们来看以下两个问题：

【问题一】对于位于北纬60°线上的圣彼得堡而言，4月中旬的白昼有多长？

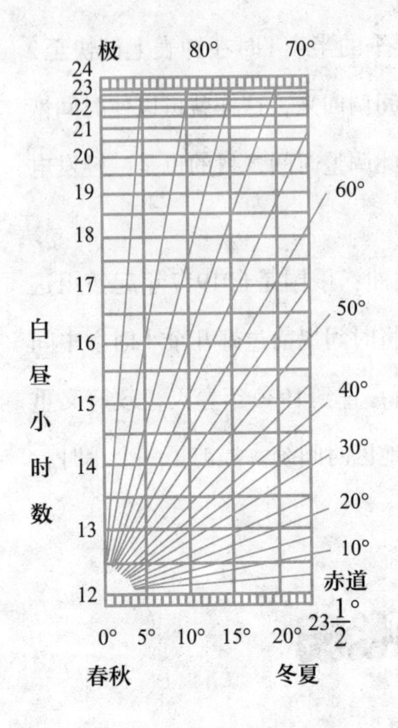

太阳赤纬	日期
$-23\frac{1}{3}$°	12月22日
−20°	1月21日，11月22日
−15°	2月8日，11月3日
−10°	2月23日，10月20日
−5°	3月8日，10月6日
0°	3月21日，9月23日
+5°	4月4日，9月10日
+10°	4月16日，8月28日
+15°	5月1日，8月12日
+20°	5月21日，7月24日
$+23\frac{1}{2}$°	6月22日

图8　用来推算白昼长短的图表。表中的“+”表示在天球赤道的北面，“−”表示在天球赤道的南面

通过查阅上文中的图表，我们可以看到：4月中旬，太阳的赤纬度数是+10°。我们可以在图8中横轴上10°的位置画一条横轴的垂直线，这条线会与纬度为60°的斜线相交在某一个点。再在这一点上画一条垂直于纵轴的直线，可以看到，这条垂直线落在纵轴上数值为$14\frac{1}{2}$的位置，即可得知，北纬60°的地方，4月中旬的白昼长度为14小时30分钟。然而必须说明的是，这个数值仅仅是个近似值，因为我们没有将大气折射的影响考虑在内（有关大气折射的问题，可以参看后文中的图15）。

【问题二】对于位于北纬46°线上的阿斯特拉罕而言，11月10日的白昼有多长?

我们可以利用同样的方法。只不过在11月10日，太阳恰好处于天球的南半球，这时太阳的赤纬度数是−17°，依据图表，它在纵轴上的数值恰好也是$14\frac{1}{2}$，即14小时30分钟。只不过这个数值并不是白昼的长度，而是黑夜的长度，因为这个时候，太阳的赤纬度数为负。所以，白昼的长度是24小时减去14小时30分钟，即9小时30分钟。

此外，通过白昼时长，我们还可以计算出太阳升起的时间。这个方法是：将上文求得的昼长9小时30分钟平分，即4小时45分钟。查阅图7，我们可以知道，11月10日的真正正午时间应是11时43分，用真正正午时间减去白昼时长的一半，即可得出这一天的日出时间，即：

11时43分−4小时45分钟=6时58分

而依据同样的算法，这一天太阳落下的时间为：

11时43分+4小时45分钟=16时28分，即下午4时28分。

如此看来，在某些时候，我们完全可以利用图7和图8来代替某些真正的天文年历表。

按照以上介绍的算法，同学们不仅可以计算出白昼和黑夜的时长，甚至可以计算出我们的居住地每年中每一天的日出、日落时间，以及昼夜的长度，例如图9这张所在地为纬度50°的表格。然而需要注意的是，这张图表中的时间并不是这个地方的法令规定时间，而是当地时间。知道这个之后，当我们知道一个地方所处的纬度，想要绘制这样的一张表格就变得十分简单。利用这张图表，我们可以清楚地查阅这个地方任意一天的日出与日落的时间。

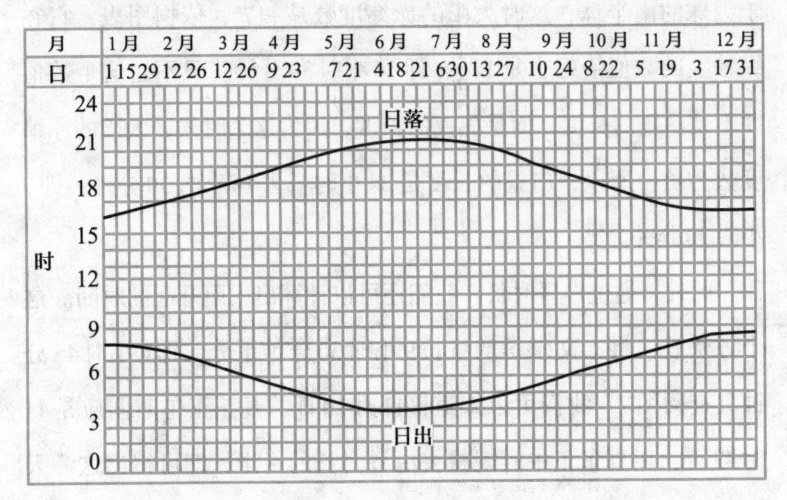

图 9　纬度为 50° 的地区一年中太阳升落时间对照表

影子去哪儿了?

请同学们仔细观察一下图 10，有没有什么奇怪之处？或许有的同学已经发现了异常：在白天，一个站在阳光之下的人竟然没有影子。这实在太不寻常了！而实际上，这幅图画完全临摹自一张实景拍摄的照片，也就是说，图画中的场景是真实存在的。不过，图中的这个人必须站在一个特定的位置，就是赤道附近。画面中，太阳恰好位于这个人的头顶正上方（如前所述，我们通常把这个位置称为“天顶”）。但是，如果这个人站在自赤道至南北纬23.5°线以外的任何地方，太阳是永远不会到达他的天顶的。所以，只有在地球的某些特定地方，这种情况才会发生。

图10　阳光下的人居然没有影子，这种现象只在赤道附近发生

每一年的6月22日，太阳恰好运行至北回归线，即北纬23.5°线附近。对于生活在北半球的我们来说，这一天的正午太阳高度达到了最大值，它会位于北回归线上任何一个地方的天顶。6个月之后的12月22日，太阳则会运行至南回归线，即南纬23.5°线附近。依据同样的道理，这一天，正午时分的太阳也会位于南回归线上任何一个地方的天顶。而我们知道，热带恰好位于这两条回归线之间，也就是说，生活于热带的人们，一年中可以看到太阳两次位于他们的天顶。那时，每一个人的影子都恰好位于他们的双脚之下，看上去就好像没有了影子一样，这便是图10呈现的景象。

而图11所展现的，是一天之内一个人在南北两极地区的身影变化。你可能以为我是在开玩笑，其实恰恰相反。就像你见到的这样，一个人可以同时存在许多个影子！这幅图画非常直观地说明了两极地区太阳的特点：在阳光下，一昼夜过去，人的身影长度没有发生任何变化。这是因为在南北两极地区，太阳一昼夜之内的运行轨迹几乎平行于地平线，而在地球上的其他地区，太阳的运行轨迹则与地平线相交。不过有一点需要说明：这幅图中出现了一个明显的错误，就是这个人的身高要比自己的影子长得多。这种情况，只有在太阳的高度角是40°的时候才可能出现，而在南北两极，太阳高度角绝不会超过23.5°，故而这种情况绝不会发生。通过一些简单的计算，我们可以知道，在南北极地区，一个物体的影子长度至少是它高度的2.3倍，甚至会更长。如果你有兴趣的话，可以根据三角形的一些公式研究一下。

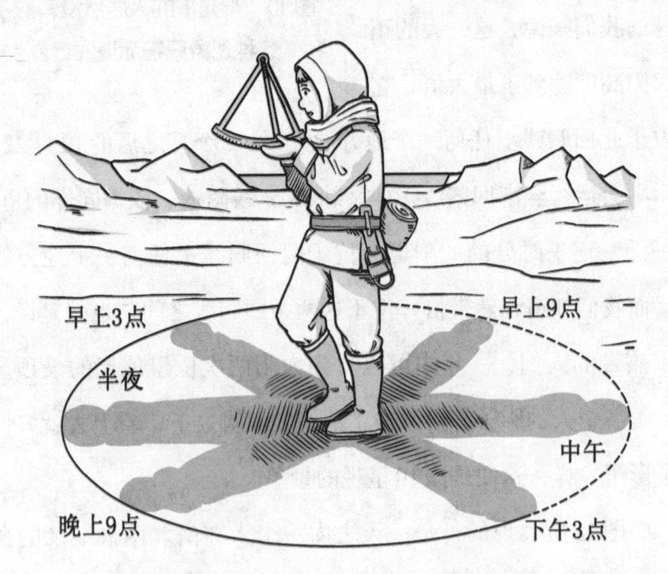

图11　地球的南北两极地区，物体的影子长度在一天中不会发生变化

物体的质量是否与物体的运行方向有关？

如图12所示，假设有两列相同的火车，以相同的速度相向行驶。第一列火车的运行方向是从东向西，第二列火车的运行方向则是从西向东，那么，哪一列火车的质量更大，即更重一些？

这个问题的答案是：自东向西运行的那列火车质量更大。也就是说，铁轨此时会承受更大的压力。这是因为，这列火车的运行方向恰好与地球的自转方向相反。在这列火车行驶的时候，由于地球自转会产生离心力，所以它围绕地球自转时的地轴运行的速度就会减少，与此同时，相较于另一列列车，它所减少的重量也会相对更少。

图12　两列相向而行的火车，由于离心力的影响，自东往西的火车更重一些

其实，如果掌握了更多的限定条件，我们还可以计算出两列列车的质量差。我们假设这两列列车的时速均为72公里/时（即20米/秒），它们在纬度为60°的纬度线上行驶。根据相应的天文学知识，我们可以知道，在60°纬度线上，每一个地方都绕着地轴，以230米/秒的速度与地球同时自转。所以，那列自西向东运行，即与地球自转方向相同的火车，它的行进速度是（230+20）米/秒，即250米/秒。同理，与它的运行方向相反的列车，其行进速度是（230−20）米/秒，即210米/秒。

纬度为60°的纬线圈，其半径为3200公里。所以，第一列火车的向心加速度为：

$$\frac{{v_1}^2}{R}=\frac{25000^2}{320000000}\text{（厘米/秒}^2\text{）}$$

第二列火车的向心加速度则为：

$$\frac{{v_2}^2}{R}=\frac{21000^2}{320000000}\text{（厘米/秒}^2\text{）}$$

它们之间的向心加速度之差是：

$$\frac{{v_1}^2-{v_2}^2}{R}=\frac{25000^2-21000^2}{320000000}\approx 0.6\text{（厘米/秒}^2\text{）}$$

又因为向心加速度的方向与重力方向的夹角是60°，所以将这个差值叠加到重力的方向上，即可得出：0.6厘米/秒^2×cos60°=0.3厘米/秒^2。

将其与重力加速度相除，便是0.3/980，即0.0003，或0.03%。

由此我们可以得知，一列自西向东运行的列车，相比另一列以同样速度自东向西运行的完全相同的列车，质量要轻0.03%。如果这两列火车都由一个火车头和45个车厢组成，那么它们各自的重量便大约是3500吨。这时，它们之间质量的差值便是：

3500吨 × 0.03% =1.05吨，即1050千克。

如果将题目中的火车换成排水量为两万吨，时速为35公里/时的大轮船，这个差值便是约3吨。两艘这样完全一样的轮船，分别以这样的相同时速自西向东和自东向西航行的时候，如果它们都位于纬度为60°的纬度线上，那么那艘自东向西航行的轮船，就会比另一艘重上3吨左右。这一点可以从轮船的吃水线上看出来。

如何利用怀表辨别方向？

如果我们在野外迷路，身边又没有任何可以辨别方向的工具，这时该如何是好？如果当时可以看到太阳的话，我们就可以利用一只怀表来辨别方向了。这个方法很简单：我们将怀表平放在地面上，让时针正对着太阳，再找出时针与12点的位置所形成的夹角，那么这个夹角的平分线就指向正南方向。

这其中的原理并不复杂。我们知道，太阳每天从东方升起，又从西方落下，它在天空运行一圈所花费的时间为24小时。而时针在怀表上转动一圈，所需要的时间则是12小时。也就是说，时针运行的弧度恰好是太阳的2倍。此时，我们将时针在怀表上走过的弧度进行平分，便可以得知太阳在正午时刻所处的方向，也就是正南方，如图13所示。

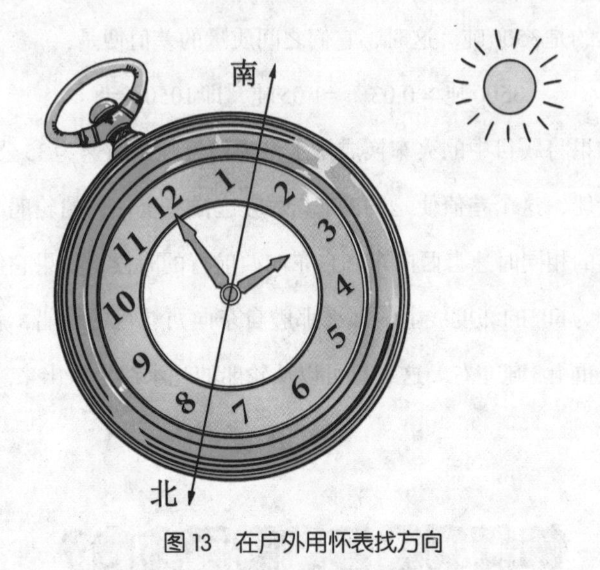

图13 在户外用怀表找方向

但是必须说明，这种定位的方法虽然简便，但并不一定准确，有时误差甚至可以达到几十度。这是因为，虽然怀表平行于地面，但只有在两极地区，太阳在天空运行时才会平行于地平线。而在其余的地方，太阳的运行总会与地平线形成一个夹角，在赤道上，它们的位置甚至相互垂直。所以，除非你在极地运用这个方法，否则在地球上的其他地方，它都会带来一定程度的误差。

我们再来看一下图14中的两幅图。在图14（a）中，观测员身处图中的*M*点，*N*点则是北极点，圆*HASNRBQ*（即天球子午线）恰好经过观测员所在位置的天顶以及天球的北极。在这个时候，我们便可以利用量角器测量出天球的北极在地平线*HR*上的高度（即*NR*线），由此计算出观测员所在的纬度。这时，如果*M*点的观测员看向点H，则他的正前方就是南方。在图14（a）中，我们如果从侧方观测太阳在天空的运行轨迹，就会发现这个轨迹其实并不是一条曲线，而是一条直线，并且还被地平线HR分成了两个部分，在地平线之上的是太阳在白昼的运行轨迹，在地平线之下的则是太阳在黑夜的运行轨迹。到了每一年的春分日和秋分日，太阳的白昼运行轨迹与黑夜运行轨迹就会相等，即图14（a）中的直线AQ；与这条直线平行的SB，则是太阳在夏天的运行轨迹。可以看出，这条轨迹的大部分都位于地平线之上，也就意味着在夏天，白昼要比黑夜更长。太阳每小时运动圆周的1/24，换算成度数就是360°/24，即15°。不过奇怪的是，通过运算，我们得出在下午3时，太阳应该在地平线西南方向45°（即3×15°）的地方，然而实际情况则存在着误差。这是因为在太阳的运行轨迹上，同样长度的弧线在地平线上的投影并不完全等长。

对此我们可以进一步分析。在图14（b）中，$SWNE$表示从天顶看到的地平面，直线SN则是天球的子午线。观测员身在M点。太阳在天空运行时，其运行轨迹的中心在地平面上的投影并不是M点。如果我们把图14（a）中的直线SB转移到$S''B''$的位置，也就是把太阳圆形的运行轨迹投射到平面上，并将其等分成24份，即每份15°。之后，我们将这个圆形轨迹恢复到原来的位置，再将其投射到平面上，就可以得到一个中心为L点的椭圆形。之后，我们在圆的24个等分点上分别作直线SN的平行线，就可以在那个椭圆上找到24个点，它们就是太阳在一昼夜的运动中每个小时所在的位置。每两个点之间的弧线长度都不相等，而对于身在M点的观测员来说，这样的感觉会更加明显，因为L点才是这个椭圆的中点，而不是M点。

我们可以通过计算得知，在夏天，如果想在纬度为53°的地方利用怀表来辨别方向，便会产生极大的误差。在图14（b）中，下端的阴影部分表示黑夜，也就意味着，太阳在早上的3 ~ 4点时升起。根据上文提过的利用怀表辨别方向的办法，太阳运行至正东方的点E时，并不是怀表上显示的6时，而是7时30分。此外，在正南方向偏东60°的地方，太阳升起的时间是在早上9时30分，而不是8时；在正南方向偏东30°的地方，太阳升起的时间是在上午11时，而不是10时；在正南方向偏西45°的地方，太阳升起的时间是在下午1时40分，而不是3时，太阳落下的时间是在下午的4时30分，而不是6时。

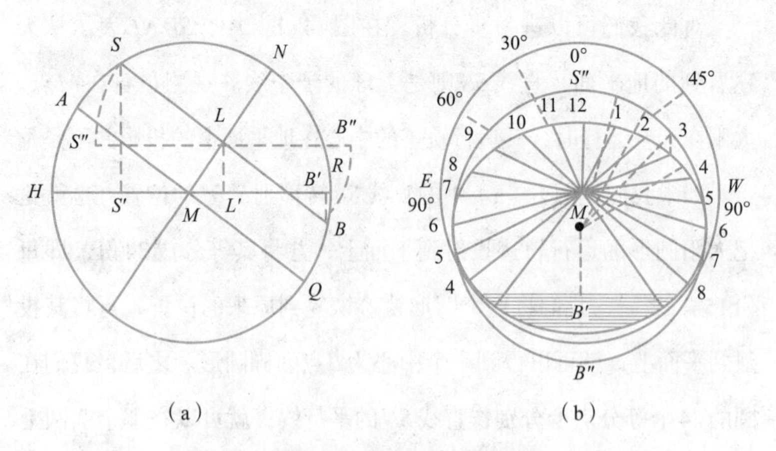

图 14　将怀表当指南针使用却得不到精确的方向指示

此外，需要提醒大家的是，怀表上所显示的时间是法令规定时间，而不是当地的真正太阳时间，故而从这个角度来说，这也会使得利用怀表来辨别方向的办法产生误差。

总之，怀表虽然可以被我们用来辨认方向，但并不是那么精确。只有在某些特别的情况下，比如春分日、秋分日或冬至日时，其中的误差才会小一些。之所以如此，是因为此时观测员所在位置的偏心距为0。

神秘的黑昼与白夜

在一些俄国作家创作的经典文学作品中，我们经常可以看到“白色的黑暗”“空灵的光芒”等华美的句子。它们所描写的，便是圣彼得堡的白夜。

到了每年的4月中旬，就迎来了圣彼得堡的“白夜季”。这时，世界各地的人们都会来到这里，欣赏天空中绝美至极的光芒。其实，从天文学的角度来看，白夜的奇观只是一种极为正常的天文现象，与晨曦和晚霞并没有本质上的区别。然而，在俄国大诗人普希金的笔下，白夜却得到了这样的描写：

“落霞与长天在远方相连，黑夜被它们驱散，唯余漫天璀璨的金光。”

其实，白夜正是晨曦和晚霞相互交接的一刹那。在纬度较高的一些地区，太阳在昼夜运行的过程中，其轨道始终与地平线处于17.5°以上，晚霞还没有褪去，晨曦就接连出现，夜晚就在这样的情况下消失了。

这种晨曦和晚霞相连的奇观，并非只在圣彼得堡这一个地方出现。位于这座城市稍南一些的地方，也会出现神奇的白夜景观。例如莫斯科，在每年的5月中旬到7月底，都可以看到这样的白夜，但这时莫斯科的天空，看上去会比圣彼得堡的天空稍微暗一些。并且，圣彼得堡的白夜始于5月份，而到了莫斯科，白夜现象则要等到六月至七月初才可以看到。

在俄国境内，能够看到白夜的最南端地点是波尔塔瓦地区，它的纬度是北纬49°(即用北极圈所在的66.5°减去之前所说的夹角17.5°)。在这一纬度上，每到6月22日，我们便可以看到白夜现象，而从这个纬度一直向北，不但白夜所持续的时间越来越长，天空也会越来越亮。例如在叶尼塞斯克、基洛夫、古比雪夫、喀山、普斯可夫这些地方，我们都可以看到白夜，但因为这些地方都比圣彼得堡更靠南，因此比起圣彼得堡，这些地方的白夜所持续的时间更短，白夜时的天空也不如圣彼得堡的那样明亮。

而在圣彼得堡以北，有一座城市名叫普多日，这里出现的白夜景观，比起圣彼得堡就要亮得多。而离它不远的另一座城市阿尔汉格尔斯克，我们看到的白夜会更加明亮。在斯德哥尔摩，我们看到的白夜便和圣彼得堡的差不多了。

除了上文提到的白夜之外，还存在着另一种白夜现象。它并不是晨曦和晚霞之间的接连，而是根本没有晨曦和晚霞，只存在着连续不断的白昼。这是因为，在地球的某些地方，太阳并未沉入地平线之下，只是掠了过去。比如，在北纬65°42′以北的一些地区，这种白夜就会产生。而如果再往北走一点儿，到了北纬67°24′的一些地方，我们则会看到和白夜完全相反的景象——“黑夜”。也就是说，那里的晚霞和晨曦之间的接连并不发生在午夜，而是发生在正午。故而，那里的黑夜是持续不断的。

实际上，在地球的某些地方，在我们能够看到白夜现象的同时，也很有可能看到“黑昼”，它们的明亮程度差不多。只不过，它们出现的季节不同：例如在某个地方，我们可以在6月看到永不落下的太阳，而到了12月，我们便会一直看不到太阳。

光与暗的更替

同学们在小的时候可能都会认为，太阳每天都会准时升起，也会准时落下。然而，在学习了有关白昼和黑夜的知识之后，才会知道事实比我们所认为的要复杂得多。在地球上的不同地方，白昼和黑夜的更替现象也存在着不同，并且昼夜的更替和光暗的交替，也不一定一致。关于这个问题，为了便于研究，我们可以将整个地球划分为五个不同的地带，用以区别光和暗不同的更替方式。

第一个地带位于南纬49°至北纬49°之间，在这个地带之内，每一次的昼夜更替，都存在着真正意义上的白昼和黑夜。

第二个地带位于纬度49°～65.5°之间，这个地带是白夜地带，在包括波尔塔瓦及其以北地区的俄国境内，白夜现象会在夏至日之前出现。

第三个地带位于纬度65.5°～67.5°之间，这个地带是半夜地带，在这个地带，每年的夏至日前后，都可以看到不落的太阳。

第四个地带位于纬度67.5°～83.5°之间，这个地带是黑昼地带。在每年的6月，我们可以在这里看到连续不断的白昼；但到了12月，又会出现连续不断的黑夜。在这些日子里，这里全天都被晨曦和黄昏的交接所笼罩。

第五个地带则是纬度83.5°更往北的地区。在这里，光和暗的更替现象最为复杂。前文中提到了圣彼得堡，那里的白夜现象，只不过是白昼和黑夜进行了并不正常的交替；然而在这第五个地带，情况又大不相同。在这个地带，每年的夏至日到冬至日之间，人们可以感受到五个“季节”的变化——或许可以称为五个阶段。在第一阶段，白昼持续不断；在第二阶段的夜半时分，白昼和微光会交替出现，但并不会出现真正意义上的黑夜，这有些类似于圣彼得堡的夏夜时分；在第三阶段，则会出现持续的微光，并无真正意义上的白昼和黑夜；在第四阶段，微光仍然持续，但在每天的午夜前后，会出现更加黑暗的情景；到了第五阶段，便是连续的黑夜了。而从冬至日一直到第二年的夏至日，这五个阶段又会按照相反的次序继续重复。

这里所说的是北半球的情形；而到了南半球，情况也大致一样。在相应的纬度位置，也会出现类似的现象。说到这里，或许有些同学会问我，从来没听说过在南半球也有白夜啊？其实这并不奇怪，只是因为南半球与圣彼得堡的纬度相对应的位置，根本没有陆地，而是一片海洋。也许只有那些勇敢的航海家和探险家，才会在赴往南极的途中见到南半球美丽的白夜景象吧。

北极的太阳谜团

一些探险家在前往北极探险时，会注意到这样一个奇怪的现象：在北极的夏季，当太阳照射到地面的时候，地面却并没有发热；而当太阳照射到直立于地面的物体的时候，温度就会很高。比如说，垂直的墙壁和山崖，在太阳的映照下会热得发烫，垂直的冰山会以很快的速度融化，木质船舷上的树胶会被迅速晒化，而人的皮肤也很容易会被晒伤。

有关这一问题，我们可以通过一则物理定律来解释。我们知道，当太阳光线越与被照射的物体垂直的时候（就是所谓的“直射”），它的照射就会越强。在夏天，由于北极地区的太阳所处的位置很低，其高度角一般都低于45°，故而当被照射的物体垂直于地面时，太阳光与它形成的角度都会大于45°，这样，阳光照射在上面的效果就会远大于照射在地面上的效果，发挥的效用也就更强了。

四季始于哪一天？

在每年的3月21日，不管当天的气候是狂风暴雨还是飞雪漫天，抑或春暖花开，人们都会在天文学意义上将北半球的这一天视为冬天的结束、春天的开始。然而，为什么要用这一天作为北半球冬季和春季的分隔点呢？这其中的依据又是什么呢？

实际上，天文学意义上的春季并不基于气候的变化，因为气候一直处于变化之中。在某一个特定的时刻，在同一个时间节点上，整个北半球可能只有一个地方会进入真正意义上的春天。所以我们认为，气候变化和季节更替之间，并不存在必然的联系。天文学家对四季的区分，主要是依靠正午时的太阳高度角、白昼的时长等因素，而气候只是其中的一项参考条件。

而之所以选择3月21日，是因为在这一天，地球的晨昏线恰好经过北极与南极。我们可以利用一个实验来模拟这个现象：找一架台灯，将它的光照向一个地球仪，让地球仪上被照亮部分的边缘重合于一条经度线，并垂直于赤道和所有纬线圈。之后慢慢转动地球仪，我们会发现，在转动时，地球仪上任意一点的圆周轨迹，都会被光和暗平分。我们利用这个原理，便可分析出此时地球上任何地方的白昼和黑夜都时长相等。这一天，白昼的时长正好是一个昼夜的1/2，即12个小时。对于世界上所有地方的人来说，这一天的日出时间都是早上6时，而日落时间则是下午6时。

在每年的3月21日，地球上的任何地方都是昼夜等长的，我们在天文学上将这一天称为“春分”。依照同样的原理，在半年之后的9月23日，地球再次面临昼夜等长，我们便在天文学上将这一天称为“秋分”。春分时，全球春夏交替；秋分时，全球夏秋交替。需要留意的是，南半球的情况和北半球正好完全相反：北半球的春分日，恰好是南半球的秋分日；北半球的秋分日，恰好是南半球的春分日。换句话说，以赤道为分界线，这一边的春夏交替，恰好是另一边的夏秋交替。

此外，在一年之中，四季的变化存在着这样的规律：从9月23日直到12月22日，北半球的白昼会越来越短；而自12月22日直到次年的3月21日，白昼又会越来越长，但也一直比黑夜短；从3月21日到6月21日，白昼会继续变长；从6月21日再到9月23日，白昼又会变得越来越短，却也一直比黑夜长。

从北半球的角度说，以上四个阶段，便是天文学意义上四季的开始和结束。我们不妨再将它们整理一下：

春季开始：3月21日，昼夜等长。

夏季开始：6月22日，白昼最长。

秋季开始：9月23日，昼夜等长。

冬季开始：12月22日，白昼最短。

而到了南半球，情况就会完全相反，同学们可以自行梳理。

为了加深同学们对这一知识点的理解，我们接下来来看几个问题。

在地球的哪一个位置，昼夜全年都是等长的？

在一年的3月21日，塔什干的日出时间是何时？东京的日出时间是何时？南美洲阿根廷首都布宜诺斯艾利斯，日出时间又是何时？

在一年的9月23日，新西伯利亚的日落时间是何时？纽约的日落时间是何时？好望角的日落又发生在何时？

在一年的8月2日，赤道上的日出时间在何时？2月27日呢？

7月会不会出现极寒天气？1月份会不会出现酷暑天气？

有关这些问题，我给出以下解答：

赤道上全年的昼夜都是等长的，这是因为无论地球处于哪个位置，它被太阳照射的那一面总会将赤道平分。

在3月21日（春分日）和9月23日（秋分日），全球所有地区都是早上6时日出，下午6时日落。

在赤道上，太阳全年都会在早上6时升起。

在南半球的中纬度地区，7月的气候可能极寒，1月则可能出现酷暑。

关于公转问题的三个假设

同学们可能早已对生活中的一些常见现象司空见惯，然而要对这些已经习以为常的现象做出解释，却不是那么容易的事情。有时候，解释这些常识，会比解释那些奇特的现象还要困难。例如，我们通常会使用十进制来计数，然而如果非要我们改成七进制或者十二进制，我们就会觉得非常别扭，并且会认为十进制简直太简单了。同样地，如果我们学习了非欧几里得的几何学理论，就会感觉之前学过的欧几里得几何学容易得多，并且极其实用。而在天文学中，我们也会经常使用一些假设，它们会帮助我们更好地理解地心引力在日常生活中的作用。下面，我们可以借助几个假设，来研究地球绕行太阳的公转运动。

同学们已经知道，地球在绕太阳公转的时候，它的轨道平面会与地轴形成一个夹角，其大小大致相等于一个直角的3/4，即66.5°。现在，让我们来假设这个夹角等于90°，也就是一个直角，换句话说，就是地球的公转轨道平面与地轴垂直。这时，世界会发生什么呢？

一、假设地球公转轨道平面与地轴垂直

说到这一假设，我们就必须要提一提儒勒·凡尔纳的科幻小说《底朝天》。在这篇小说中，炮兵俱乐部的成员们也曾提出这个假设。一位炮兵军官想要“把地轴竖起来”，也就是说，使地轴与地球的公转平面垂直。如果这个假设成真的话，自然界会出现什么样的变化呢？

第一个变化发生在小熊星座α星（也就是我们常说的“北极星”）上。此时，它就不再是我们所认为的北极星了。这是因为当地轴竖起，夹角由66.5°变为90°时，星空旋转时的中心点也会随之变化，也就是说，这颗小熊星座α星会偏离地轴的延长线。

第二个变化则体现在四季更替上。确切一点儿说，现在看来十分明显的四季变化将不复存在。说到这里，我们可以来看一下是什么引发了四季更替。一个最简单的问题是：为什么夏天比冬天热?

在我们生活的北半球，夏天比冬天热有几方面的原因：地轴与地球的公转轨道平面存在着一个夹角，这就导致在夏天时，地轴的北端距离太阳要更近一些，白昼长于黑夜，所以太阳照射在地面上的时间也就更长，黑夜则更短，散热的时间也就更短。这样一来，地面所吸收的热量就要多于散发的热量。并且，由于这个夹角，在白昼时，地面与太阳光所形成的夹角就要更大一些。也就是说，夏季时的地面被太阳照射的时间更长，照射的角度也更大；而到了冬季，不仅阳光照射的时间短，而且黑夜比白昼更长，散热的时间也要大于吸热的时间。

依据同样的道理，这个情形也会发生在南半球，不过时间上和北半球要相差6个月。在春天和秋天，南北半球的气候都相差不多，这是因为此时太阳与南北极的相对位置是一样的，地球上的晨昏线几乎与经度线重合，所以白昼和黑夜几乎等长。

看回之前的假设。如果地轴垂直于地球公转轨道平面，四季变化就会消失。这是由于太阳与地球的相对位置不再变化，也就等于说，地球上的每一个地方，都不会发生季节上的变化，而是始终停留于同一个季节，即春天或秋天；并且，每个地方的昼夜都几乎等长，就如同3月下旬或9月下旬一样。在木星上，情况就是如此（它的轴与它绕行太阳公转的轨道平面垂直）。

与热带地区相比，温带的变化要更明显一些；而到了两极地区，气候便会和现在的情况相差甚大。由于太阳照射时会受到大气的折射，故而在两极地区，天体在天空所处的位置就会更高一些，如图15所示。这时，太阳就会一直在地平线上浮动，而不是和现在一样从东方升起，在西边落下。于是，两极地区就会一直处于白昼状态。准确来说，是一直处于清晨。虽然太阳的位置一直很低，导致其斜射带来的热量不会很多，然而由于它的照射永不停止，所以原本处于极寒的两极地区就会温暖如春。这也许是地轴垂直于地球公转轨道平面给人类带来的唯一好处，但是对两极地区以外的地带而言，随之而来的损失是无法估计的。

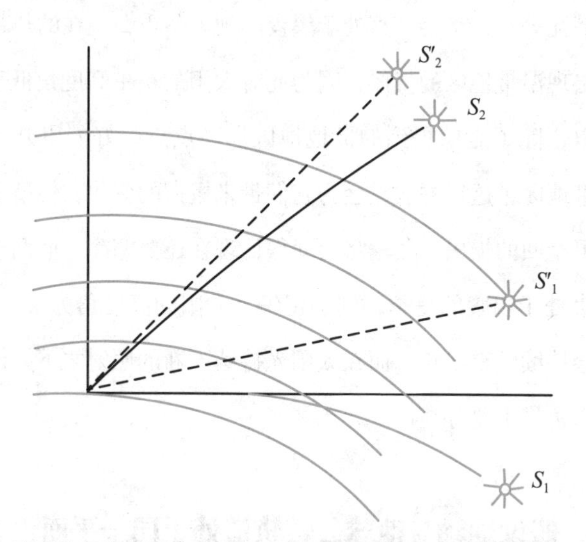

图15　地球大气折射图。从太阳 S_2 射来的光线，穿过每一层大气层时，都会因为受到折射而发生偏移，从而使观察者认为光线是从 S'_2 处射来的。S_1 处太阳已经落山，但因为大气的折射作用，观察者还能看见它

二、假设地轴与地球公转轨道平面成45°

在这一假设中，地轴与地球公转轨道平面不再垂直，而是形成90°的一半，即45°夹角。这时，春分和秋分时节全球依然昼夜等长，和现在没有什么区别。但是到了6月，由于太阳的位置处于纬度45°的天顶，而不是现在的23.5°，故而，纬度45°的地区将会出现热带气候。而圣彼得堡的所在位置是北纬60°，太阳距离当地的天顶偏了15°，在这样的太阳高度之下，纬度60°的地区就会变成现在地球上热带地区的气候。而如今的温带将会消失，热带和寒带直接相连。在整个6月份，莫斯科和哈尔科夫将一直处于白昼的景象之中。而到了12月，情况又会完全相反，莫斯科、基辅、哈尔科夫以及波尔塔瓦等地，又会一直处于黑夜。到了冬季，现在的热带地区反而会出现温带地区的气候，因为此时太阳的正午高度角低于45°。

所以，除了之前提到的极地地区那一点点的好处以外，在热带、温带地区，这样的假设会为它们带来极大的变化，使整个地球遭受无可挽回的损失。冬季将会变得比现在还要寒冷，而两极地区则会一直处于温暖的夏季；到了正午，太阳的高度角为45°，这样的情形会持续整整半年。而在太阳光持续不断的照射之下，南北两极的冰雪也将不复存在。

三、假设地轴与地球公转轨道处于同一平面

比起前两个假设，这个假设更加匪夷所思。如图16所示，这时的地轴将位于地球公转轨道平面，也就是说，地球会“躺着”绕

行太阳进行公转运动，同时还要绕着地轴继续自转。这时，又会产生什么样的情况呢？

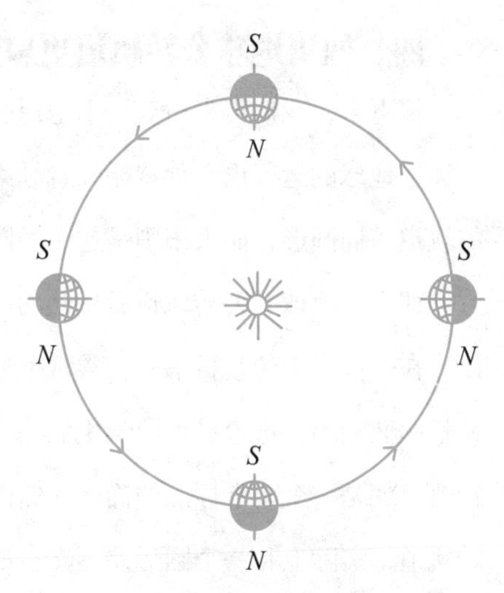

图16　假设地轴位于公转运行轨道的平面上，地球将“躺着”围绕太阳公转

依照这样的假设，南北两极附近的地区将会由半年的白昼和半年的黑夜所覆盖。在白昼的半年内，太阳会依循一条螺旋形的轨迹慢慢由地平线攀升至天顶，再依着螺旋形轨迹慢慢落入地平线之下。在昼夜更替时，将会出现接连不断的微明，这是因为在太阳还没有完全沉入地平线之前，会在地平线连续起伏几天，还会围绕着天空不停旋转。到了夏天，冰雪会以极快的速度融化。在中纬度地区，从春季开始，白昼将会慢慢变长，直到接连不断。

上文所述的情况，与天王星的情形有些类似。天王星的轴线与它的公转轨道平面的夹角只有8°，所以，它几乎是“躺着”绕行太阳进行公转运动的。

我们一共列举了三种假设，并且针对每种假设都进行了分析。由此，同学们应该对地轴的倾斜角度和气候变化之间的关系有了一定程度的了解。在古希腊文中，“气候”一词的本意便是“倾斜”，可见这并不是毫无原因的。

四、如果地球公转轨道更扁更长……

接下来，我们再来研究一下地球公转轨道的形状。与其他行星一样，地球的运行也必须遵循开普勒第一定律：行星围绕太阳公转的轨道呈椭圆形，而太阳则是这个椭圆形的焦点。

那么，地球的公转轨道所呈现的椭圆形又是什么样子的呢？

在一些中学的教科书中，常常把地球的公转轨道画成一个又扁又长的椭圆形。这容易带给学生们一个误解，让他们认为地球的公转轨道就是一个非常标准的椭圆。然而，事实并非如此。地球的公转轨道，实际上和一个圆形差不多；如果在纸上画出来，大家可能会以为它就是一个正圆形。哪怕我们把这个运行轨道的直径画成一米，人们肉眼看上去，还是会觉得它近乎一个正圆。所以，哪怕你的双眼像艺术家那样敏锐，也依然难以分辨这是正圆形还是椭圆形。

图17所展示的，正是一个椭圆。AB是椭圆的长径，CD则是短径。除了“中心”O点之外，在长径AB上还有两个非常重要的点，我们称其为“焦点”。它们位于O点的两边，并且互相对称。在图18中，我们以长径AB的一半，即OB为半径，以短径的端点C为圆心画一段弧线，使其与长径相交于点F和F'，那么这两个点就是椭圆的焦点了。在这里，OF和OF'的长度相等，通常以c来表示，而长径与短径则以$2a$和$2b$来表示。c与a之比，即c/a表示椭圆的伸长程度，在几何学上被人们称作“偏心率”，偏心率越大，则这个椭圆和正圆之间的差别就越明显。

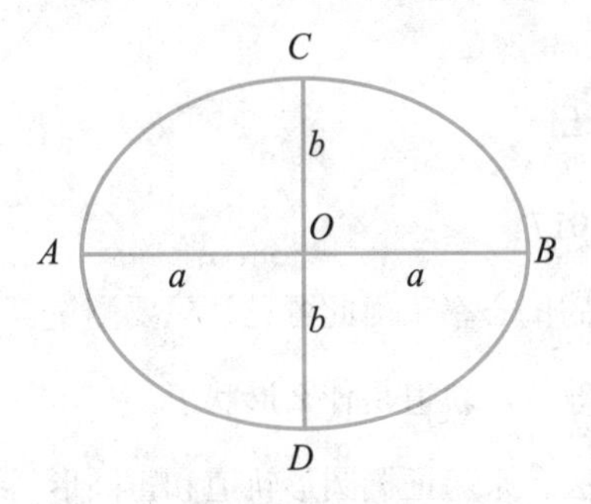

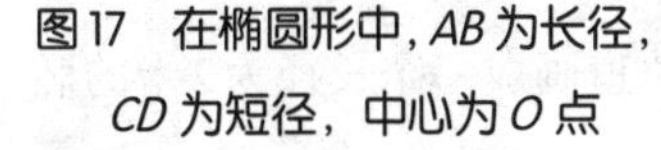
图17　在椭圆形中，AB为长径，CD为短径，中心为O点

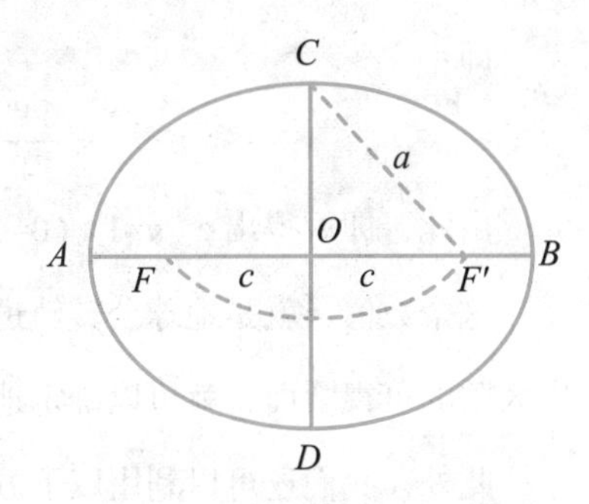

图18　怎样找出椭圆形的焦点（F和F′）

由此可知，如果我们知道了地球公转轨道的偏心率，我们也就知道了这个轨道的形状究竟是什么样子。而计算偏心率，无须知道轨道的大小。如前所述，太阳正好位于地球公转轨道的一个焦点上，故此，轨道上的每一个点距离太阳的长度都不相同，这就使得在地球上看到的太阳时大时小。比如，在7月1日，太阳运行至图18中的焦点F'，而地球恰好位于点A，所以此时，地球上的人们看到的太阳最小。如果我们用角度来表示，就是31′28″。而到了1月1日，地球运行到了点B的位置，此时地球上的人们看到的太阳最大，换算成角度就是32′32″。由此，我们可以得出以下的比例关系：

$$\frac{32'32''}{31'28''}=\frac{AF'}{BF'}=\frac{a+c}{a-c}$$

再由这个比例式，可以得出：

$$\frac{32'32''-31'28''}{32'32''+31'28''}=\frac{a+c-(a-c)}{a+c+(a-c)}$$

即：

$$\frac{64''}{64'}=\frac{c}{a}$$

由此，即可得出$c:a=1:60=0.017$。

这个数值，就是地球公转轨道的偏心率。由此可见，只要测量出太阳的可视圆面，就可以确定地球公转轨道是什么形状了。

此外，我们还可以利用以下方法，来验证椭圆形轨道和正圆形轨道的区别。如果我们把地球的公转轨道画成一个长径为2米的椭圆形，那么它短径的长度是多少呢？

通过图18中的$Rt\triangle OCF'$，我们可以算出：

$$c^2=a^2-b^2$$

将等式两边同时除以a^2，可得：

$$\frac{c^2}{a^2}=\frac{a^2-b^2}{a^2}$$

$c:a$便是地球轨道的偏心率，它等于1∶60，而$a^2-b^2=(a+b)(a-b)$。由于a和b的数值相差很小，我们可以用$2a$来替代$a+b$。由此，这个式子就变成了：

$$\frac{1^2}{60^2}=\frac{2a(a-b)}{a^2}=\frac{2(a-b)}{a}$$

而$a-b$就等于$a/2\times60^2$，即1000/7200，这个数值还不到1/7毫米。

可见，即使这个椭圆如此之大，其半长径和半短径之间的差值也只是不到1/7毫米。它比用铅笔画出来的一条线还要细，因此，我们将它看作椭圆还是正圆，并没有太大的区别。

我们不妨再来分析一下，太阳应该位于这张图上的什么地方。

前文已经提到，它位于这个椭圆的焦点位置。那么，它距离中心点又有多远呢？即：图中的OF和OF'有多长？我们可以轻易地计算出：

$$c : a=1 : 60,\ c=a : 60=100 : 60=1.7$$

也就是说，太阳位于距离轨道中心点1.7厘米的地方。如果我们把太阳的直径画成1厘米，恐怕就连目光最敏锐的艺术家，都无法判断它是不是位于轨道的中心。

所以，当我们在描绘地球的公转轨道时，完全可以将其画成一个以太阳为圆心的正圆形。

通过以上的计算，我们得知太阳非常靠近地球公转轨道的中心。然而，如果它真的变成中心的话，对地球上的气候会不会产生什么影响？我们不妨继续进行研究。假设地球公转轨道的偏心率增加到0.5，也就是说，这个椭圆的焦点正好将椭圆的半长径平分，这时的轨道就会变得更扁更长，像一只鸡蛋一样。当然，我们在此只是假设。在整个太阳系的行星中，水星的公转轨道偏心率是最大的，约为0.25。

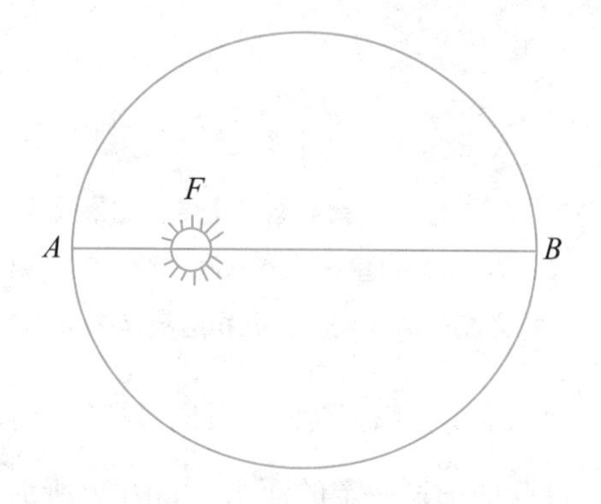

图19　假设地球公转轨道比正常情况更扁长，焦点在半长径的中点上，那么北半球的冬季，太阳高度会变得很低，天气变暖

我们继续假设，地球的公转轨道比现在要更扁更长得多。如图19所示，

这时的轨道更扁更长，且焦点正好是半长径的中点。假设在1月1日，地球依然位于距离太阳最近的点A，而在7月1日位于距离太阳最远的点B。由于FB等于3倍的FA，所以，7月1日地球到太阳的距离，是1月1日时的3倍，而1月1日人们看到的太阳的直径，则是7月1日时的3倍。而太阳光照射到地面上的热量，又与太阳和地球之距离的平方成反比，故此，地球在1月时接收到的太阳热量，就是7月时的9倍。也就是说，虽然北半球的冬季太阳的照射角度很低，且昼短夜长，但由于地球和太阳的距离更近，因此接收到了更多的热量，天气也比之前更加暖和。

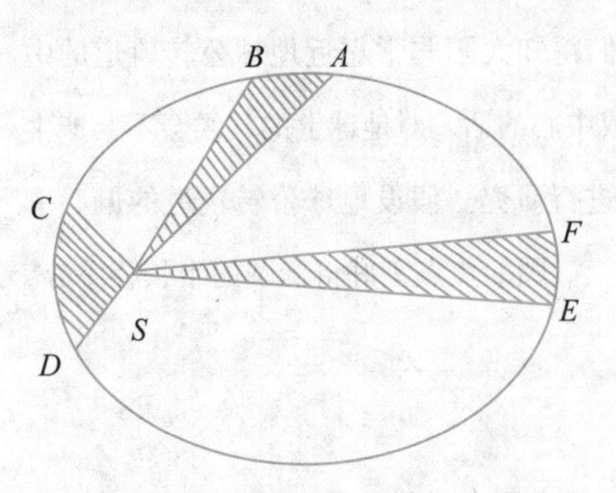

图20 依据开普勒第二定律，如果弧线AB、CD、EF是行星在相同时间内通过的距离，那么图中的三块阴影面积应该是相等的

另外，依据开普勒第二定律，我们可以得知在相同时间内，向量半径扫过的面积是相等的。这里的“向量半径”，是指太阳与行星之间的连线。而在我们的讨论范围内，就是指太阳和地球的连线。当地球围绕太阳公转时，其向量半径会不停变化，并且在公转运动的过程中扫过一定的面积。如图20所示，依据开普勒第二定律，如果要使相同时间内向量半径扫过的面积相等，那么当地球公转到距离太阳较近的位置时，其速度就要比在距离太阳较远的地方快，因

为此时的向量半径是比较小的。

所以，如果之前的假设为真，在每年的12月到次年的2月之间，由于地球和太阳之间的距离更近，它的公转速度就要比6月到8月时的速度更快一些。也就是说，北半球的冬季会变得更快，而夏季则变得更加漫长，这时，地面接收到的太阳热量就会更多。

通过这个理论，我们还可以画出如图21所示的季节长短图。图中的这个椭圆，就是假定偏心率为0.5时的地球公转轨道。为了分析便利，我们把这个轨道分为12个部分（分别标记为1—12的数字），每一个部分都表示地球在相同时间内运行的路程。根据开普勒第二定律，这12个部分的面积都应该相等，因为这12个点和太阳之间的连线，都是我们所说的向量半径。比如1月1日，地球在点1的位置；2月1日，地球在点2的位置；3月1日，地球在点3……这样，我们便很容易看出，春分日（A）将会出现在2月上旬，而秋分日（B）则会推迟到11月下旬。也就是说，北半球的冬季将会出现在12月底，而结束在第二年的2月初，时间只有一个多月。而在从春分到秋分

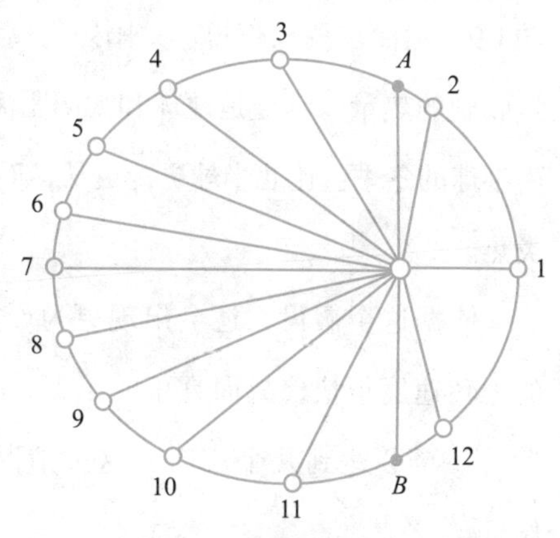

图21　假设地球公转轨道变得更扁长，那么季节长短会发生变化。图中相邻两个数字之间的距离是地球在相等时间（一个月）中所走的距离

的长达九个半月的时间内，白昼要比黑夜长，地球和太阳之间的距离也更长。

但是如果到了南半球，情况则又不相同。在昼短夜长、太阳的照射高度很低的情况下，由于这时地球和太阳之间的距离很远，地面能够接收到的太阳热量也很少，只相当于地球和太阳距离较近时的1/9。然而在昼长夜短、太阳照射高度很高的情况下，地面所能接收到的热量，将会是地球和太阳距离较远时的九倍。也就是说，南半球的冬季会比北半球更冷更长，而夏季则更为短促，也会更为炎热。

依据这个假设，还会出现更为严重的后果。由于1月份地球的公转速度很快，故而真正的正午时间会与平均正午时间相差甚远，甚至会达到几个小时。这种情况会严重影响到人们的日常作息。

综上，我们可以得知：依据之前的假设，当太阳“偏心”的位置发生变化时，带来的影响也会发生改变。在北半球，冬季会变得比南半球更短，也更加暖和；夏季则刚好相反。实际上，我们每一个人都可以观察到这样的现象。1月时，地球与太阳之间的距离比7月要近了1/30（也就是1/60的2倍），而接收到的太阳热量则比7月多了大约7%，所以北半球的冬季要更加暖和。此外，北半球秋季和冬季的总时长要比南半球少8天，而春季和夏季的时长则比南半球多8天，这或许就是南极地区的冰雪要比北极地区更多的原因。

在以下这个表格中，我们列举出了南北半球各自的四季时长。

北半球	持续时长	南半球
春季	92天19小时	秋季
夏季	93天15小时	冬季
秋季	89天19小时	春季
冬季	89天	夏季

从表中可以看出，北半球的夏季比冬季多了4.6天，春季则比秋季多出了3天。

然而，由于在天体空间中地球公转轨道的长径会不断改变，也就导致了轨道上距离太阳最远和最近的点也在随之改变，所以，北半球的这个气候优势，不一定能够永存。根据一些科学家的计算，大概每经过2.1万年，这个变化就会重来一次，而到了公元10700年，这一优势就会转移到南半球上。

实际上，地球公转轨道的偏心率的确在逐渐发生变化，由接近正圆形的0.003，一直变到了像是火星公转轨道的0.077。目前，地球公转轨道的偏心率正在逐渐缩小。在大约2.4万年之后，它将变化到0.003，而再过4万年，它又会逐渐增大。不过，我们现在的讨论只停留在理论阶段，还未经过实践检验。

正午还是黄昏，地球距太阳更近？

关于这个问题，如果地球的公转轨道是一个正圆形，就非常容易解决：正午时，地球距离太阳更近，并且由于自转的影响，地球上的每一个点都直接面向太阳。比如说，正午时赤道上的一点距离太阳的长度，比黄昏时要少6400公里，也就是地球的半径。

然而问题是，地球的公转轨道并非是正圆形，而是一个椭圆形，且太阳位于这个椭圆的焦点上，如图22所示。所以，地球和太阳之间的距离，一直在发生变化。在一年中的上半年，地球距离太阳越来越远，到了下半年，则又会越来越近。而这最远距离和最近距离的差值，是500万公里，即：

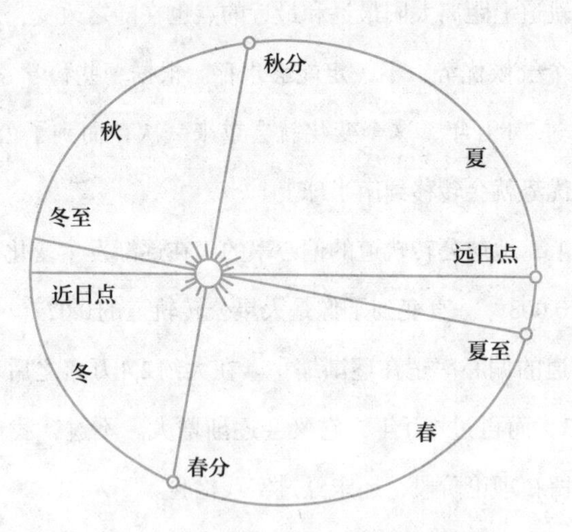

图22　地球绕日公转的轨道示意图

$$2\times\frac{1}{60}\times150000000=5000000\text{公里}$$

地球和太阳之间的距离一直在发生变化，每一昼夜可以相差3万公里。也就是说，从正午时分直到太阳落下，地球表面上的每一点与太阳之间的距离，都相差大约7500公里，比起因地球自转运动而引起的距离变化略大一些。

所以，这个问题我们应该视情况而定：从1月到7月，地球会在正午时距太阳更近；而从7月到第二年的1月，地球会在黄昏时距太阳更近。

如果地球公转轨道的半径增加1米……

地球绕行太阳进行公转时，与太阳之间大概相距1.5亿公里。如果我们将这个数字再增加1米，如图23所示，同时地球的公转速度不变，那么公转轨道的长度会增加多少？一年的天数又会增加多少呢？

表面看来，增加的这1米很小很小，但因为地球的公转轨道很长很长，因此在一般人看来，这1米的变化也会带来极大的影响，不论是公转轨道的全长还是一年的总天数，都会显著增加。

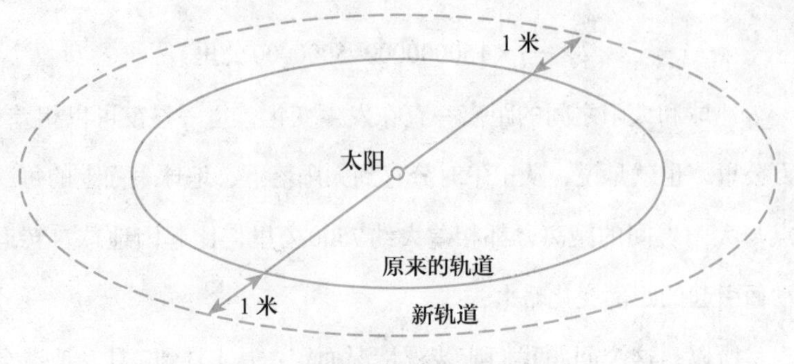

图 23 地球公转的半径增加 1 米

然而计算的结果告诉我们，事实并非如此，远远出乎我们的预料。不过，这样的结果也是十分正常的。对两个同心圆而言，它们的周长差与它们的半径差有关，而与它们半径的各自长度无关。如果我们画出两个半径相差 1 米的同心圆，便会发现这两个圆之间周长的差值，和将地球的公转轨道半径增加 1 米之后的差值完全相同。

也许同学们一时无法明白其中的原因，但我们可以利用简单的几何学定理加以证明。我们假设地球的公转轨道为正圆形，其半径为 R 米，它的周长则为 $2\pi R$ 米。如果我们将半径增加 1 米，则新的轨道周长为 $2\pi(R+1)$ 米，比起原来只多出了 2π 米，即约 6.28 米。于是我们可以知道，这个增长量和原先的轨道半径长度，没有任何关系。

如果地球到太阳之间的距离增加 1 米，其绕行太阳公转的轨道长度也只是增加了 6.28 米。而地球的公转速度为 30 公里/秒，在一年之中，它公转一圈的时间也只增加了 1/5000 秒。对于极长的公转轨道而言，这个数值微乎其微。

用不同视角观察同一运动

当一个物体从我们的手中下落时，我们会将其视作垂直下落。然而在其他人的眼中，这个物体是不是也是垂直下落呢？

也许在他们的眼中，事实并非如此。实际上，对于任何一个不和地球保持同步运动的人来说，一个物体下落的轨迹可能都不垂直。

图24　对于地球上的观察者而言，重物下落的轨迹是直线

如图24所示，我们假设一个物体自500米的高处自由下落。那么，这个物体在下落的过程中，便会参与到地球的所有运动。而作为观测者的我们，同时也在参与这些运动，故而根本观察不到这个物体在下落时所附带的其他运动。如果我们抛开地球的运动，只观察这个物体的下落过

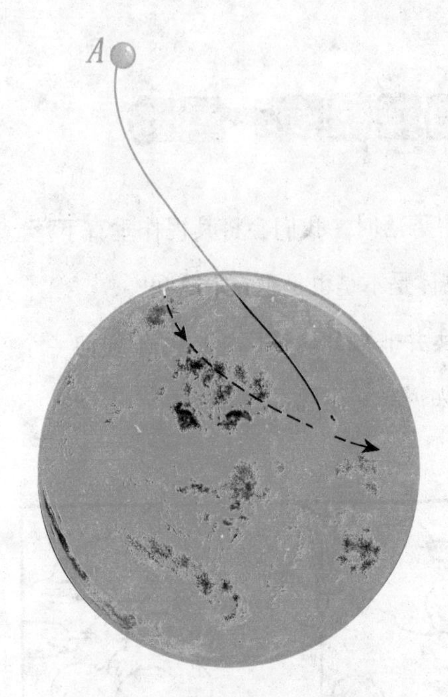

图 25 从月球上看地球上重物下落的路线

程的话，就会发现这个轨迹根本不垂直，而是呈现出别的样式。

比如，我们站在月球上观看一个物体在地球下落。虽然月球和地球一起围绕太阳进行公转运动，但它的自转和地球并不一致。所以从月球上看，地球上的这个物体同时参与了两种运动：一种是垂直下落；另一种则是沿着与地球表面相切的方向向东运动。根据力学的规律，我们将这两种运动合成另外一种。同学们都知道，物体在自由落下时的速度并不均匀，而另外一种运动却是匀速的，故而将两种运动结合，其运动轨迹便会是一条曲线，如图25所示。

假设我们站在太阳上，利用高倍望远镜观察地球上的这个运动，情况则又不一样。这时的观测者，既没有参与地球的自转运动，又没有参与地球的公转运动，如图26所示。这时，我们将会看到三种运动：物体的垂直下落、物体沿着与地球表面相切的方向向东运动、物体绕着太阳旋转。

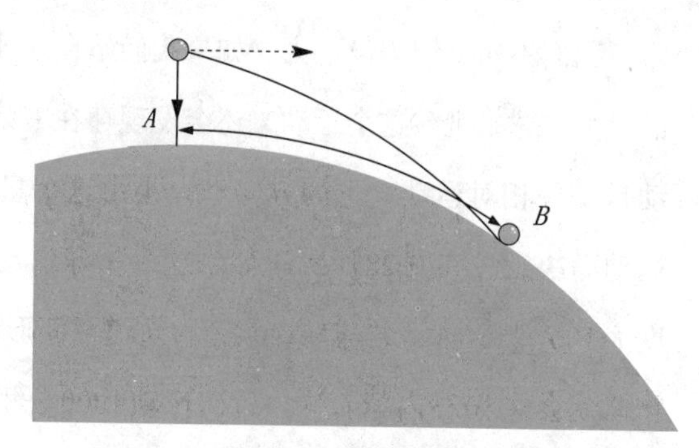

图 26　地球上物体垂直下落的同时也沿着与地面相切的方向运动

在第一种运动中，由于物体下落的高度为500米，我们可以计算出，它从高处落在地面的时间是10秒；在第二种运动中，如果这个物体位于莫斯科，那么它的运动路程可以依据纬度来计算，即0.3×10=3公里；而在第三种运动中，物体的运动速度为30公里/秒，即地球的公转速度。所以，物体在下落的10秒内，又沿着地球的公转轨道运动了300公里，要比前两种运动大得多，所以在太阳上，我们只能看得到第三种运动。如图27所示，在10秒内，地球向左运动了很长的距离，而物体只下落了一点儿。需要说明的是，图中所用的比例尺并不准确，在10秒内，地球最多可以移动300公里，但图中显示的约有10000公里。

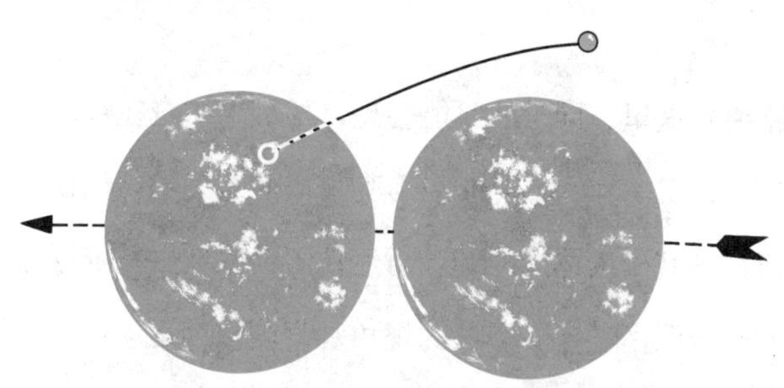
图 27　从太阳上观察地球上垂直下落物体的运动轨迹

我们不妨继续假设下去。如果我们站在地球、月球、太阳以外的一个星球来观察这个运动，还会发现存在着第四种运动。这种运动是一种相对运动，它的方向和大小由这个星球和太阳系的相对运动而决定。如图28所示，如果这个星球运动于太阳系之内，速度为100公里/秒，并与地球的公转轨道平面形成一个锐角，那么，物体就会在10秒内朝着这一方向运动1000公里，并且其运动轨迹会变得相当复杂。当然，如果这个星球位于太阳系外，我们看到的运动可能又会是另一个样子了。

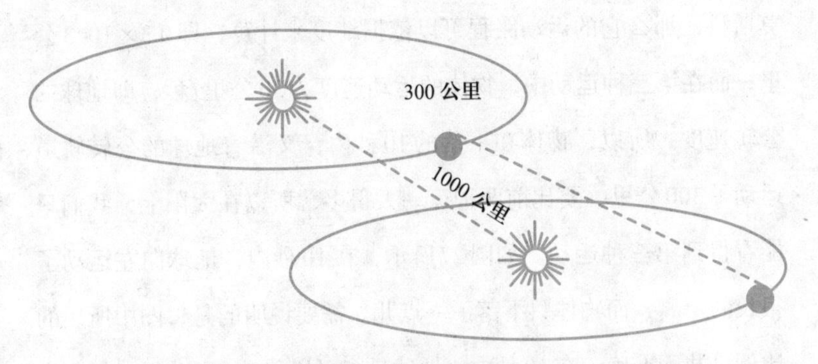

图28　从地球、月球、太阳之外的另一个星球上观察地球上物体下落的运动轨迹

一路说到这里，同学们可能会想，如果我们身在银河系以外观察这个运动，又会是什么样的情形呢？如此一来，我们根本就不会参与银河系与其他天体之间的相对运动了。事实上，依据之前的分析，我们已经明白了：以不同的视角观察同一个运动过程，得到的结果会大不相同。

地球之外的时间

同学们是否想过这样一个问题：当我们学习了一个小时之后又休息了一个小时，这两小时是否等长呢？你可能会认为，如果我们所使用的钟表是准确的，它们当然等长。那么下一个问题是：所谓“准确的钟表”，又该是怎样的呢？你可能会想，“准确的钟表”就是依据天文学原理进行过校准的钟表，它与地球的匀速自转相一致。也就是说，在同样的时间内，时针转过多少度，地球也就转过多少度。

然而，我们如何确定地球的自转是匀速的？地球的自转无休无止，而两个自转周期的时间果真相等吗？依据又是什么？若想思考这一问题，我们就必须抛开以地球自转作为计时标准的固定思维。

许多天文学家在近几年[1]已经提出了这个问题。在某些特殊的场合下，我们对时间的测量应该依据特殊的标准，而不能依照传统，将地球的匀速自转运动视为唯一的参考。

在对一些天体的运动进行研究时，天文学家们发现，这些天体的实际运动和理论推演出来的结果差距很大。而且，这种差距没有办法用天体力学的理论来解释。存在着这种差距的天体，目前已知的就有月球、木星的第一卫星和第二卫星，以及水星等等，甚至还有太阳的视周年运动，也就是地球的公转运动。以月球为例，它

[1] 指本书的具体成书时间。此外，本书中的许多数据和观点，都有着作者所处时代的局限性，半个多世纪之后，它们肯定会存在一些变化，后文不再赘述。——译者注

实际运行轨迹和理论轨迹的偏差角度有时可以达到1/4分。通过分析，我们发现这些运动都存在着这样的特点：它们有时会在某一个时间暂时变快，而在其后的一段时间又渐渐变慢。根据这一点，我们认为造成这些差距的原因，应该是相同的。

那这个原因是什么呢？是由于钟表的误差，还是由于地球的自转并非匀速呢？

故此有人指出，我们应该舍弃“地球时钟”，而利用别的自然时钟观测这些运动。这里的“自然时钟”，是指以木星的某颗卫星、月球或是水星的运动为标准时间。实践告诉我们，如果运用这种自然时钟，前面的种种问题都可以得到很好的解释。然而，如图29所示，如果利用这种自然时钟来测量地球的自转，那么它就不再是匀速的了：在几十年的时间内它会变慢，而在接下来的几十年内又会加快，之后再变慢。

图29中的这条曲线，代表了自1680年到1920年的地球自转相对于匀速运动的情况。曲线的上升，表示一昼夜的时间变长，也就是说地球的自转速度变慢；而曲线的下降，则表示地球的自转速度加快。

由此，我们可以知道：如果太阳系中其他行星的运动是匀速的，那么相对而言，地球的自转运动就不再是匀速的了。事实上，地球的自转与真正的匀速运动差距很小：1680—1780年，由于地球的自转变慢，一天的长度就会更长一些，这就使得地球的运动与其他天体的运动时间相差了30秒；但是到19世纪中叶，地球的自转速度又会加快，一天变得更短，从而让这个差值又少了10秒；再到

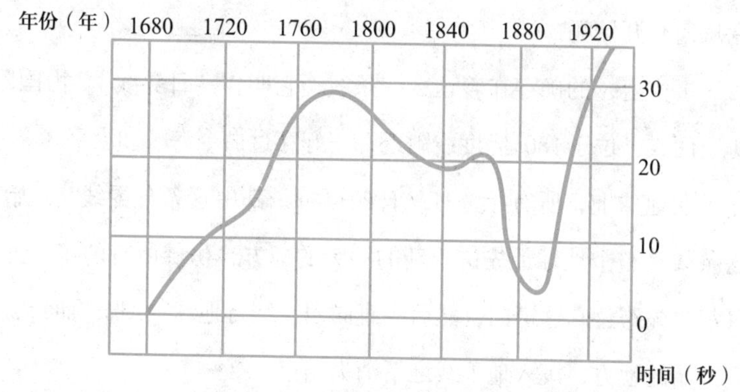

图29　1680—1920年地球自转相对于匀速运动的情况

20世纪初，再减少20秒。在20世纪的前25年，地球的自转速度又会放慢，一天变得更长，所以到现在，这个时间差又达到了30秒。

我们并不知道为何会存在这样的变化。可能原因有月亮的引潮力、地球直径的变化等等。如果将来有人能够解决这个问题，将会是天文学上的重大突破。

年和月从何时开始？

在莫斯科，当新年的钟声敲响12下时，我们就知道新的一年到来了。但是对于莫斯科以西的地方而言，那里仍然处于旧年的末尾；而到了莫斯科的东边，新年则早就开始了。当然，由于地球是一个球体，它的东方和西方是相互接连的。那么，地球上有没有一条分界线能分别新年和旧年、1月和12月，让我们知道新的一年究竟从何时开始呢?

事实上，的确存在着这么一条线，它叫作“日界线”，由国际协定而成，位于180°经度线附近，正好穿过白令海峡和太平洋。

在地球上，所有年、月、日的更替，都由这条分界线[1]开始。这条线是整个地球最先进入新的一天的地方，仿佛所有的年、月、日都要先跨过它这道门，然后一直向西，绕行地球一圈，再回到它们开始的地方，沉入地平线之下消失结束。

俄国最东边的地方是位于亚洲的杰日尼奥夫角，这里比地球上的任何一个地方，都要更早地进入新的一天。从白令海峡开始的新一天，就是从这里进入我们的生活，绕地球经过一圈（即24个小时）之后，又回到这里与我们告别。

如此，我们便知道了日期就在日界线上进行更替。然而在遥远的航海时代，这条线还没有被确认，所以日期常常混淆不清。曾经有一个名叫安东·皮卡费达的人，他在随麦哲伦环游世界时记下了日记。其中写道：

“7月19日，星期三。今天我们抵达了绿角岛，并且打算上岸。船员们都有记日记的习惯，然而我们常常会搞错日期，不得不上岸找人询问。令我们奇怪的是，当我们问起今天的日期时，当地人都告诉我们是星期四，但根据我们的航海记录，今天明明是星期三。我们是不可能搞错整整一天的……

[1] 即国际日界线，又称作“国际日期变更线”。它位于180°经度线附近，是依据“格林尼治时间”而确定的日期变更线。

“后来才知道，并不是我们的计时方法出了错，而是由于我们在一直向西航行，也就是顺着太阳的方向移动，所以我们现在又回到了开始的地方。于是，和当地人相比，我们就少去了24个小时。弄明白了这一点，我们才算恍然大悟。”

那么，如今的航海家们在遇到相同的问题时，又是如何处理的呢？为了使日期不致混淆，在向西方航行时，如果他们经过了日界线，就会把日期加上一天；如果他们向东航行，在经过日界线时，日期就保持不变。比如，在某个月的1日，他们向东航行并且经过日界线之后，仍然把日期算为当月的1日。

因此我们可以断定，儒勒·凡尔纳在其作品《八十天环游地球》中所记叙的事件存在着错误。在小说中，旅行家环游世界后返回故乡的时间是星期日，然而实际上，当地的日期还是星期六。在日界线还没有被人为规定之前，常常会出现这样的错误。

此外，爱伦·坡在他的小说中说到的“一星期有三个星期天”，也似乎并不是笑话。如果一个航海家向着西方环游世界一圈，再回到了出发地，又正好碰见另一位向着西方环游世界，再回到这里的朋友。他们中的一个人说昨天是星期天，另一个人说明天是星期天，而当地一位从没出过门的居民则会说当天才是星期天。这完全是有可能发生的。

在周游世界时，如果不想弄混日期，我们可以利用以下办法：当我们向东航行时，把同一天记录两次，让太阳能够赶上我们；而在向西航行时，再加上一天，以便赶上太阳。虽然这看上去非常简单，然而在早已不是麦哲伦时代的现在，依然有很多人会搞不清状况。

2月有几个星期五？

同学们，2月最少会有几个星期五？最多又会有几个呢？

或许你从来都没有考虑过这个问题。如果你仔细思考了，再看到下面的正确答案，或许会大吃一惊。

许多人会这样认为：2月最多会有5个星期五，最少也会有4个。他们给出的理由是这样的：如果在闰年，2月1日是个星期五，那么在2月29日也会是星期五，所以最多会有5个星期五。

然而我要告诉你的是：2月能拥有的星期五的个数，很有可能是这个数值的2倍。下面我们就来看看这其中的原因。

假设一艘轮船每周五都要从亚洲海岸出发，在阿拉斯加和西伯利亚的东海岸间航行。某一个闰年，2月1日恰好是星期五，那么对于这艘船上的船员来说，在整个2月，他们会经历整整10个星期五。这是因为如果他们在星期五当天向东航行过日界线，那么这周就会有2个星期五。不过，如果他们在每周四由阿拉斯加驶往西伯利亚的东海岸，那么在计算日期的时候，他们就要跳过星期五。于是对船员们来说，整个2月都没有星期五这一天。

所以，这个问题的正确答案是：2月最多可能会有10个星期五，最少则可能1个星期五都没有。

名师点评

天文学不是研究宇宙的科学吗？为什么一开始我们要先学习地球呢？

要知道，地球虽然是我们唯一赖以生存的星球，但同时也是宇宙中众多星球的一员，它的一切运动特点、地理现象，甚至对人类生活的诸多影响，从某种程度上说，均是宇宙中各天文现象的缩影。天文学作为一个“四不”科学，人类对其探索的进程非常有限，我们不如先系统地了解地球的有关知识，以及它和宇宙的关系，这样或许能帮我们更快地揭开宇宙神秘的面纱。

要想掌握地球的基本概况，应先了解地球的大小、经纬线、方向。本章摒弃了传统的讲解方式，而是引用测量、对比等实验方法，并且结合航海地图的阅读、简单的数学运算，以及通过穿插几则小故事，把我们平常的误区和容易忽略的小事理清了。

地球上的两地之间，真的直线最短吗？用绳子在地球仪上测量一下，原来最短航线并不在我们以为的纬线上。经度线长，还是纬度线长？说是比长短，实际上这里面蕴含着角度的学问。站在北极点，你的前后左右都是什么方向？让我们跟着阿蒙森的飞艇去寻找答案。我们日常生活中的时间具有什么意义？一天的昼夜交替是24小时吗？原来，太阳和我们开了一个小玩笑。你有没有发现不同季节的白昼时间不一样？好像夏天长一些，冬天短一些。

你有没有发现一年四季我们正午时的影子长短也不一样？好像夏天短一些，冬天长一些，甚至有些地方的人没有影子，这些现象是不是和地轴与公转轨道的倾斜角度有关？这么多疑问都会在本章迎刃而解。

除了包含需借助简单的数学知识理解的部分，本章还介绍了许多生活中实用的小常识，例如如何利用怀表辨别方向？让你即使在野外迷了路，也可以轻松回家。

最值得一提的，也是最有意思的，便是“假如”系列。本章的后半部分，引入了大量的假设问题，例如，假设地球公转轨道平面与地轴垂直，如果地球公转轨道更扁更长，如果地球公转轨道半径增加1米，等等。这些在现实中不会发生的“假如”，假如真的发生了，会带来哪些现象和影响？相信读者一定很想知道。

通过阅读本章，你会发现，那些看似发生在地球的现象，其实都是由地球在宇宙中有规律地运动导致的，其背后都蕴藏着深层的天文原理。

第二章 月球和它的运动

如何区别残月和新月？

当同学们仰望夜空的时候，会看到弯弯的月亮似乎永远都悬挂在天上。然而，这个月亮可能是新月，也可能是残月。那么，我们该如何区别它们呢?

最简单的一个办法，就是区别月亮凸出一边的朝向。其中的原理是：在北半球，新月总是会朝右边凸出，而残月则向左边凸出。这个方法是由我们颇具智慧的祖先们发现的，它可以帮助我们非常简便地区别新月和残月。

在俄语中，新月和残月的单词分别是РасТущий（原意为“生长”）和Старый（原意为“衰老”）。前者使人联想到新月，后者则使人联想到残月。同时，这两个词还具有这样的特点：它们的首字母分别为P和C，这两个字母的凸出方向，正好和北半球新月与残月的凸出方向相同，如图30所示。而到了法国，人们则使用拉丁字母中的d和p来区别残月和新月。d和p的形状，犹如用一条直线连起月牙的两端：单词dernier（原意为“最后的”）的首字母是d，从这个词义我们会联想到残月；单词premier（原意为“最初的”）的首字母则是p，用来象征新月。在其他的一些语言（例如德语）中，也存在这样的例子。

然而，当我们身处澳洲或者是非洲南部时，这个方法就不再适用了。在这些地方，人们所见到的新月和残月的凸出方向，与北半球恰恰相反。此外，在赤道以及距赤道较近的纬度地带，例如外高加索和克里米亚，也不能利用这个方法：那里的弯月几乎横在天上，就像海面上漂浮的一只小船，或是一道拱门那样。在阿拉伯传说中，人们称它为“月亮的梭子”。而在古罗马，人们将弯月称为lunafallax，直译过来就是“幻影中的月亮”。如果我们想在这些地方区别新月和残月，可以利用另外一种方法：在黄昏时天空的西部出现的月亮是新月，而在清晨时天空的东部出现的月亮则是残月。

利用以上几个方法，我们便能区分出世界上任何一个地方的新月和残月了。

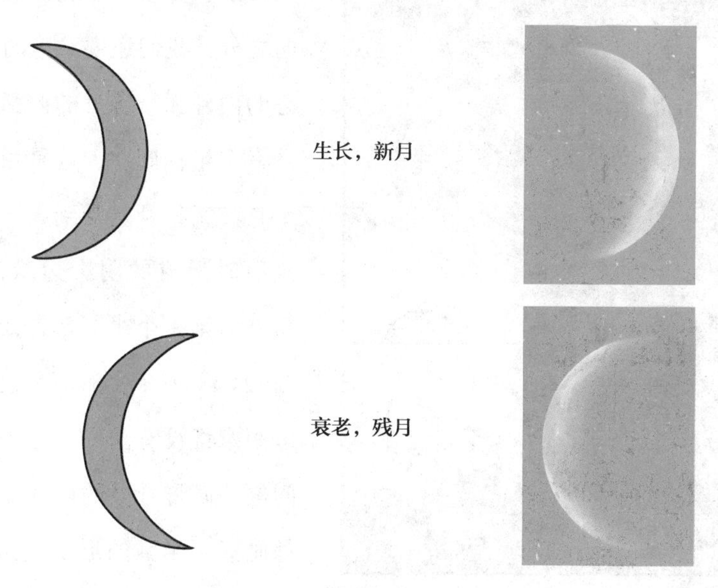

图 30　新月和残月的区分方法

画错的月亮

长久以来，有不少艺术家都热衷于描绘月亮。在日常生活中，我们也可以见到许多关于月亮的风景画。然而，虽然画家们可以将月亮描绘得异常美丽，但他们画出的月亮却未必正确。

图31是一幅非常美丽的有关月亮的绘画。仔细观察之后，我们不难发现其中的天文学错误：画家将弯月的两个角画得朝向了太阳，然而实际上，朝向太阳的应该是月亮凸出的一面。同学们都知道，月亮是地球的卫星，它本身并不发光，只是反射太阳的光，因此它的凸面才应该朝向太阳，而不是两个角。

图31 画错的月亮

除了要注意月亮的朝向之外，我们还要注意月亮的内外弧。弯月的内弧是一个半椭圆形，这是由于它其实是月亮受到太阳照射时形成的阴影边缘，而外弧则是个半圆形，如图32（a）所示。然而，很多画家都没有注意到这个问题，而将月亮的内外弧都画成了半圆的形状，如图32（b）所示。

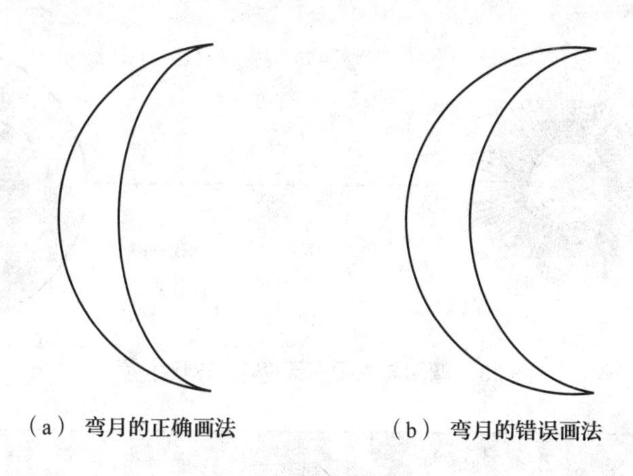

（a） 弯月的正确画法　　（b） 弯月的错误画法

图 32　弯月的画法

在地球上，我们观测到的弯月似乎总是不那么“端正”，故而，想要正确描绘月亮的相位，并没有那么简单。理论上讲，月光只是太阳光的反射，所以太阳的中心应该位于弯月两角相连直线中点的垂直线上，如图33所示。在月球上，这条直线呈现出弧形，然而跟弧线的两端相比，它的中部距离太阳就要远得多，故而这些光线看上去似乎是弯曲的。图34为我们标出了太阳和不同相位的 月亮的相对位置，从图中我们可以看到，只有蛾眉月是“正对着”太阳的。而当月亮处于其他的相位时，阳光则总是看似弯曲地照射到月亮上，所以如此投影而成的月亮，就无法端端正正地悬挂在天空中。

可见，如果一个画家想要正确地画出月亮，还需要了解更多的天文学知识。

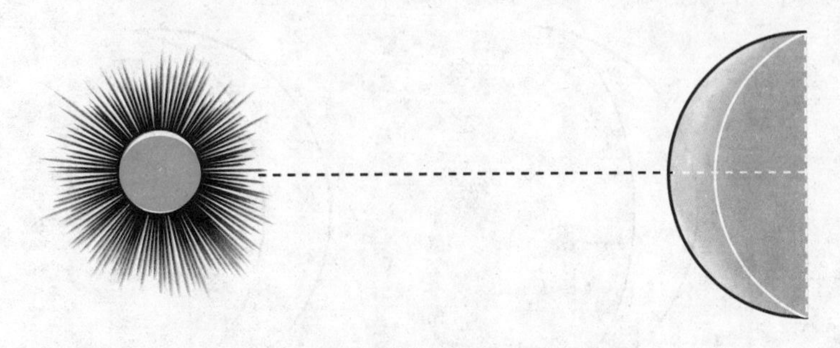

图 33　弯月与太阳在天空中的相对位置

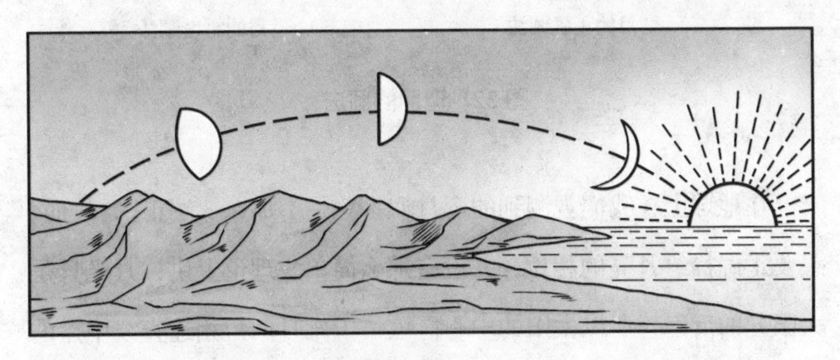

图 34　太阳和不同相位的月亮的相对位置

行星	卫星	卫星与行星的质量比
地球	月球	0.0123
木星	甘尼米德	0.0008
土星	泰坦	0.00021
天王星	泰坦尼亚	0.00003
海王星	特里同	0.00129

从上表中我们可以看到：在一些行星和其卫星之间的关系上，地球和月球最为接近。无论是从大小、质量，还是从运行轨道上而言，都是如此。它们就像一对孪生子一样。

甚或可以说，除了月球之外，没有任何一颗卫星拥有这样的特点。我们先从大小的角度来看：海王星的卫星特里同应该是最大的卫星，但它的直径只有海王星的1/10，然而月球的直径却是地球的1/4。再从质量上来看：太阳系的所有卫星中，木星的第三卫星质量是最大的，但其质量约为木星质量的1/1000，而月球的质量只有地球的1/81。

相较于其他行星与卫星的距离，地球和月球之间的距离要近得多。你也许会说，它们之间的距离足足有38万公里！然而，这个距离只有木星和它的第九卫星之间距离的1/65，如图35所示。所以，我们极有理由宣称地球和月球之间的关系非常亲密。

图35　月球与地球距离跟木星的卫星与木星距离的比较图，相对来说，月球与地球的距离非常近。图中星球并没有按实际比例来表示

作为地球的卫星，月球每时每刻都在围绕地球旋转。与此同时，地球也在围绕太阳进行公转，它们的轨道相距非常之近。月球围绕地球的运行轨道有250万公里，而它运动一圈时，又会被地球带着运动7000万公里，这大概相当于月球一年运动路程的1/13。

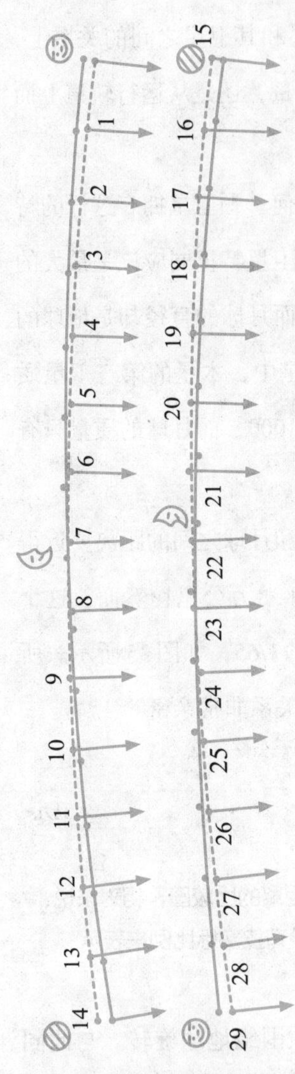

图36 实线和虚线分别表示月球和地球在一个月中绕日运行的路线，二者几乎是重合的

可以思考一下：如果我们将月球的运行轨道拉伸到现在的30倍，那么它的轨道将不再是圆形。因此，除了几段凸出的部分之外，月球围绕太阳的运行轨道，和地球的公转轨道大致是相同的。图36标注出了一个月内地球和月球绕行太阳的轨迹，其中的虚线表示地球的公转轨迹，而实线则代表月球的运行轨迹。我们可以看到，除非选择特别大的比例尺，否则这两条轨迹之间的差距微乎其微。在图中，地球的轨道直径大约为0.5米。[1]如果我们将地球的公转轨道直径画成10厘米，再想区分这两条轨道，就几乎是不可能的事情了。另外，由于我们也在时刻参与地球的公转运动，因此根本无

[1] 我们可以从图36中知道，月球的运动并非匀速：它围绕地球运动的轨道是个椭圆形，而地球正好位于这个椭圆的焦点上。月球运行轨道的偏心率大致为0.055，在天文学上，这个偏心率非常非常小。依据开普勒第二定律，当月球离地球较近时，它的运行速度明显快于距离地球较远的时候。

法看清这两条轨道是否在一起前进。不过，如果我们是站在太阳上来观察这一现象，便会发现月球的运行轨道是一条呈现出细微的波浪状，并且和地球公转轨道几乎重合的曲线。

太阳为何没有将月球吸引过来？

太阳的引力，为何没有将月球吸引到它的旁边？乍一看，这是个非常奇怪的问题。不用急，让我们先来看看太阳对月球的引力，以及地球对月球的引力有多大。

想要计算这两个引力的大小，就要了解以下几个知识：太阳、地球的质量，以及它们与月球之间的距离。太阳的质量极其巨大，约为地球质量的33万倍。单从质量的角度看，太阳的引力就是地球的33万倍了。而地球距月球的距离，大致相当于太阳距月球距离的1/400，从这一点来看，地球的优势则更大一些。由于引力和距离的平方之间成反比例关系，那么太阳对月球的引力，就是33万倍的$1/400^2$，也就是地球对月球引力的33/16倍，即两倍多一点儿。

我们回到最初的问题。既然太阳对月球的引力这么大，它为什么没有将月球吸引过来呢？事实上，这和我们之前所说的地球和月球之间亲如孪生的关系有关。太阳不仅对月球存在引力，对地球也存在引力，然而太阳的引力，对地球和月球之间的关系没有影响。也正因如此，地球和月球的运行轨道才会是现在这个样子（见图36）。因为地球和月球的关系相当紧密，故而太阳的引力并非单独作用于地球或月球，而是作用于它们相连的直线上，即地球和月球组成的整个系统的重心上。准确来说，这个重心位于地球之外，在地球的半径长度还要靠外的地方。并且，地球和月球围绕这个重心运动一圈的周期正好是一个月。这也是为什么太阳没有将月球吸引过来，同时也没有将地球吸引到它的旁边。

你看你看，月亮的脸

在我们的眼中，满月就像一个平平的圆盘。这是因为当人们观测距离较远的物体时，双眼所成的图像基本相同，无法得到一个立体的图像。但如果我们用立体镜来观测月亮，就会发现它根本不是平面的。因为立体镜是依据双眼的视察原理制作的，它可以帮助我们看到立体的图像，所以，当我们透过立体镜观测月亮时，就会发现它其实是一个球体。

不过，如果我们想要拍下月球的立体图像，那可不是一件容易的事。因为月球总会有某个部分被遮住，除非拍摄者了解月球的运动规律，否则很难拍摄出一张月球的实体图像。另外，拍摄者还要注意拍摄方法。因为实体照片并不是一张，而是成对的，在拍摄出一张照片之后，可能要等上很多年才会拍到另一张。

下面，我们来看看究竟怎样才能拍到月球的立体图像。月球距离我们非常遥远，而面对如此遥远的物体，我们的双眼是无法看到立体图像的。如果想要拍摄，我们就要在两个不同的地方取景，并且这两个地方之间的距离，不能小于它们距地球之间的距离。通过计算，我们知道地球和月球之间大约相距38万公里，在拍摄这样的两张照片时，其中一张照片应该是月球中心的一点，而另一张照片应该偏离月球达到1°的经度，才能最终得到月球的立体图像。换句话说，这两点间的距离应当不小于6400公里——地球半径的长度。

其实，我们能够拍摄出月球的立体图片，还应该感谢月球围绕地球运动的轨道是椭圆形的。当月球进行自转时，也在围绕地球公转，并且这两种运动的周期时间是相同的，故而月球始终以同一面朝向地球。正是因为月球围绕地球运动的轨道呈椭圆形，我们才可以在地球上看到它的侧面。

然而，如果月球绕地球的运行轨道不是一个椭圆形，而是一个正圆形的话，那么我们可能永远看不到它的立体图像了。如图37所示，它画出了月球绕着地球进行运动时的椭圆形轨道。为了让同学们

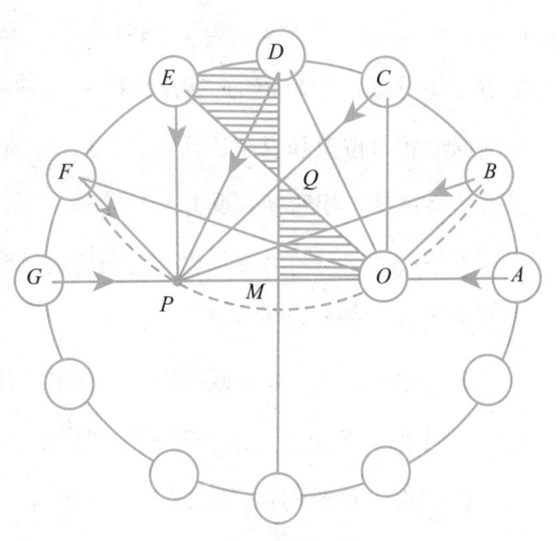

图37　月球绕地球运转的轨道

看得更清楚，我将这个轨道画得更扁了一些。图中的点O是地球所在的位置，它是这个椭圆形的一个焦点。依据开普勒第二定律，月球从点A运动到点E，大概经过了一个月的1/4。由于$\triangle MOQ$和$\triangle DEQ$的面积大约是相等的，所以：

$$MOQ+OABCD=DEQ+OABCD$$

即图形$MABCD$和$OABCDE$的面积是相等的，都是整个椭圆形的1/4。也就是说，在一个月的1/4的时间内，月球的运行轨迹是从点A到点E。而月球的自转则是匀速运动，在同样的时间内，它转动了90°的距离。在月球运动到点E时，它从点A绕地球旋转时扫过的角度要比90°大，这就让月球越过了点M，朝向它的左边，靠近月球运行轨道的另一个焦点P附近。而此刻，对于身在地球的我们来说，就可以从右侧看到月球的侧边。而当月球运行到点F的时候，由于$\angle OFP$小于$\angle OEP$，这时的月球边缘就显得更窄。图中的点G是月球运行轨道的“远地点”，当月球运动到这里的时候，与地球的相对位置和它在“近地点”点A时是相同的。当月球继续沿着轨道运动，拐弯朝着反方向行进时，我们就会看到月球露出和之前那个边缘相对的另一条边。它先是慢慢放大，再渐渐缩小，最后在点A的位置消失。

正是如此，我们才可以在地球上观察到月球正面边缘细微的变化，它就像一架天平，围绕着一个中点左右摇摆。故此在天文学上，我们也将这样的运动称为“天平动”，它的运动角度接近8°，准确来说是7°53′。

当月球在轨道上移动时，天平动的角度会发生改变。在图37中，我们以点D为圆心，画出一道经过焦点O和P的弧线，让这条弧线与轨道相交于点B和点F。$\angle OBP$和$\angle OFP$相等，也就是$\angle ODP$的一半。于是，天平动的角度在点B时达到最大值的一半，然后再逐渐增大。运行到点D和点F之间时，它又会慢慢变小，一开始速度很慢，后来就越来越快。在轨道的下半段，天平动的改变和上半段相同，只不过方向完全相反，这被称为月球的“经天平动”。此外，我们有时可以从南边看到月球的侧面，有时又会在北边看到月球的侧面，这是由于月球的赤道和它的运行轨道平面形成了6.5°的夹角，这被称为月球的“纬天平动”，它的角度最大可以达到6.5°。也就是说，我们最多可以看见整个月球的59%，而剩下的41%是完全看不见的。

利用月球的天平动现象，摄影师就可以拍出月球的立体图像了。我们之前提到过，这样的图片是成对存在的，其中一张显示出月球中心的一点，而另一张则偏离月球达到1°的经度，这样才能得到月球的立体图像。比如说，这两张图片上的月球可以位于点A和点B，点B和点C，点C和点D等。虽然我们可以在地球上找到很多位置来拍摄月球的立体图像，但由于这些位置距离月球的相位差了一天半或者两天，所以有些照片会异常发白。这是因为第一张图片中的月亮还处在阴影的一小部分之中，而到了拍摄第二张图片时，月球已经离开了阴影。故而，如果想要拍出完美的月球立体图像，就必须等到它再次在同样的相位出现，并且要保证这两次拍摄时，月球的纬天平动是完全一致的。

是否存在第二个月球？

著名科幻小说家儒勒·凡尔纳在他的作品《月球环游记》中，设想出了地球的第二颗卫星，即第二个月亮。在他的想象中，这是一颗体积很小、运行速度很快的星球，地球上的人们根本看不到它。实际上，不只儒勒·凡尔纳一个人抱有这种想法：报纸上曾经有一些新闻报道，宣称某些人发现了地球的第二卫星。

那么，这颗第二卫星是否真的存在？关于这个问题，一直有着热烈的讨论。儒勒·凡尔纳声称，一位法国天文学家蒲其不仅认为地球的第二卫星的确存在，甚至还推算出它和地球之间的距离是8140公里。而它围绕地球运行一圈的时间，则是3小时20分钟。然而，英国的《知识》杂志对这个说法进行了激烈的驳斥，认为蒲其就是个虚构的人物，第二卫星的事情也纯属捏造。但是，蒲其并不是儒勒·凡尔纳笔下的虚构人物，历史上真的有这个人，他是一位天文台台长。他的确认为存在着这样的一颗第二卫星，距离地球约为5000公里，绕行地球一圈要花上3小时20分钟，并且是一颗流星。不过他的这个观点，在当时并未引起多少人的重视，也根本没有谁同意，不久就被淡忘了。

可是，我们不妨设想一下，真的有这颗第二卫星存在，并且距离地球相当近。这样，当它运动的时候，就会被地球的阴影遮盖。不过，每当黄昏或者黎明，抑或是这颗卫星每一次经过太阳或月球时，我们都应该能够看到它。并且，如果它的运行速度比月球快得多，那我们应该更加频繁地看到它。而且，如果真的存在这颗卫星，当日全食发生的时候，天文学家们也应该能观测到它。不过，直到现在都没有人发现过它的踪迹，所以我们基本可以断定，地球第二卫星的说法是虚假的。但是，如果我们仅仅把这颗第二卫星限定在科学理论探讨的层面之上，那么它是否存在，和科学真理之间也并不矛盾。

除了地球的第二卫星以外，人们还曾经设想存在一些围绕月球运转的卫星。不过迄今为止，没有人发现存在着这样的卫星。天文学家穆尔顿曾说："当出现满月时，月亮反射太阳的光芒，让我们根本无法看清它的周围是否还有卫星。在月球周围没有光芒，即发生月食时，太阳的强光才会照亮传说中月球周围的卫星，让我们能够发现它。然而直到现在，我们都没有任何发现。"

可见，这些故事只是传说罢了。然而人们针对科学问题的无尽探索，依然会让我们惊喜连连。

为何月球周围没有大气？

地球周围的大气层，维持着地球上所有生物的生存。然而月球的周围却没有大气。这是为什么呢？要想搞清楚这一点，我们就必须先了解大气层的形成条件。

空气是由分子组成的，而分子总是毫无规律地朝着四面八方极快地运动。当温度处于0℃时，空气分子的平均移动速度约为0.5公里/秒，这相当于一颗子弹射出枪膛时的速度。但由于地心引力（分子的所有运动，几乎都消耗在了抵抗地心引力上），空气中的分子就被地面束缚住了。

依据物理公式，移动速度v和重力加速度g之间存在这样的关系：

$$v^2=2gh$$

其中，h代表物体所在的高度。如果在接近地球表面的位置上，有一大群分子以0.5公里/秒的速度一直在竖直地向上运动，我们就可以依据这个公式，计算出这群分子所在的高度了。当g的取值为10米/秒^{2}时，则有：

$500^2=2\times10\times h$，可得出h=250000/20，即12.5公里。

或许同学们会对这个结果产生疑问：如果空气分子只能达到距离地面12.5公里的位置，那么在这个位置之上的分子又是从哪儿来的呢？我们要知道，即使是在距地面500公里的高空，依然有少量的氧气存在。[1]那么，这些氧气又是怎么到达这样的高空，并在那里停留的呢？实际上，我们之前采用的运动速度，只是空气中各种分子的平均数值。每一种空气分子的运动速度都是不同的，有的分子运动

---

[1] 氧气一般存在于地球的表面，基本上是通过降雨带到地面的过氧分解而产生的。另外，还有一些氧气是通过植物与二氧化碳的光合作用而得到的。

极快，有的则非常缓慢。不过，大部分的分子运动速度都处于一个中间值。如果我们用数字来表示，则有如下情况：在温度为0℃的条件下存储一定量的氧气，那么，运动速度在200 ~ 300米/秒的分子占比17%，运动速度在300 ~ 400米/秒和400 ~ 500米/秒的分子各占比20%，运动速度在600 ~ 700米/秒的分子占比9%，运动速度在700 ~ 800米/秒的分子占比8%。只有1%的分子，其运动速度能达到1300 ~ 1400米/秒，还有极少数的分子能达到3500米/秒的运动速度，不过它们的占比不到1/1000000。依据前面的公式，我们可以算出$3500^2=20h$，h的数值约为600。也就是说，那些运动速度达到3500米/秒的分子，是完全有可能到达600公里的高度的。

然而，这些分子虽然可以抵达600公里的高空，但并不代表它们可以脱离地心引力的控制。不管是氧气、氮气、二氧化碳还是水蒸气，若是想脱离地心引力，它们的分子运动速度至少要达到11公里/秒。哪怕是其中质量最轻的氢气，想要将速度提升到原来的两倍，也得花上几万年的时间。这也是地球可以将大气层牢牢吸引住的原因了。

下面，我们再来看一下为什么月球的周围没有大气层。前文中提到，地球之所以能吸引住大气层，主要是由于地心引力的影响。然而，月球上的重力，只相当于地球引力的1/6。也就是说，在月球上，空气分子只要消耗在地球上1/6的力量，就可以摆脱月球的引力。通过之前的计算，这时的空气分子只要达到2360米/秒的运动速度，就可以停留在太空中。实际上，在正常的温度条件下，大气中氧气和氮气分子的运动速度就可以轻易超过这个数值了。根据大气分子运动速度的分配规律，在速度极快的分子飞散之后，原本速度慢的分子也可以获得临界速度，从而超越月球的引力。所以，大气是根本无法在月球周围停留的。在一颗行星上，如果大气分子的平均运动速度达到临界速度的1/3，在月球上就是790米/秒，那么在几周之后，空气分子就会完全飞散干净。只有当分子的平均运动速度处于临界速度的1/5以下时，空气才可能停留于行星表面。由此，我们便可以知道，一些行星或者卫星周围之所以没有大气层，是因为它们的引力不够。

曾经，一些天文学家想要改造月球，通过人工方式制造大气层，让月球成为适宜人类居住的“第二个地球”。然而，月球的环境是在极其漫长的时间中依循严格的物理定律形成的，哪里那么容易就可以“改造”呢？

月球到底有多大？

关于一个物体的大小，我们通常用数字来表示。很久之前，科学家们就发现了有关月球的一些数据，例如它的直径为3500公里，表面积相当于地球的1/14。然而，即便拥有这些数据，我们还是无法更为直观地想象月球究竟有多大。那么，这种直观的想象该从何而来？最有效的办法，是将它与一个我们更为熟悉的星球进行比较。在前文中，我们提到月球和地球之间犹如孪生子一般，故而，我们不妨将月球和地球比较一番。

覆盖着月球表面的是一片大陆，我们就用地球上的陆地与之比较。如图38所示，单从表面积来看，月球的表面积略小于整片欧洲大陆，而月球一直朝向我们的一面，则与东欧的面积差不多。

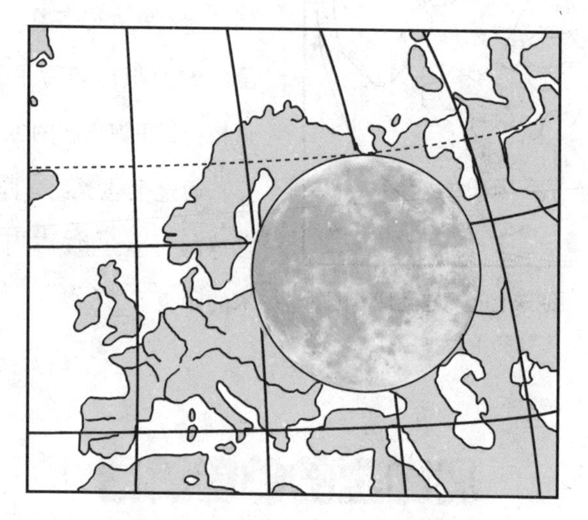

图38　月球与欧洲大陆的比较图

月球的表面积称不上有多大。然而，月球上面的环形山则具有很大的面积，地球上的任何一座山都无法与之相比。例如格利马尔提环形山，它所环绕的月球面积比整个贝加尔湖还大，比起瑞士和比利时这样的小国更是大得多。

虽然月球上的环形山要比地球上的山脉气势宏伟，但地球上的海就要比月球上的“海”气派多了。不过，月球上并不存在真正的

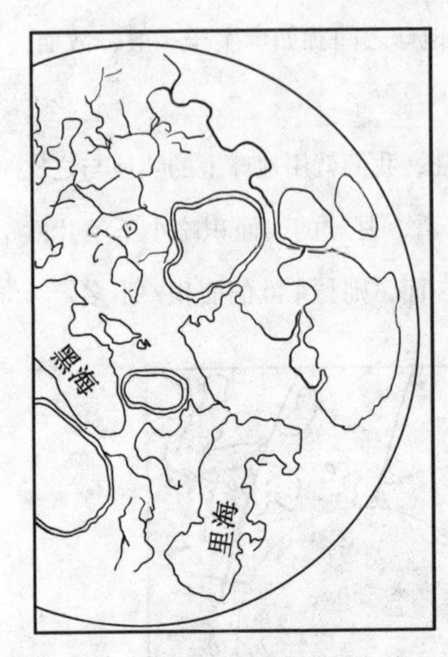

图39　地球上的海与月球上的“海”的比较

海洋，这只是我们为了便于比较所采用的说法。如图39所示，这是依照比例尺绘制在月球表面的黑海和里海，在地球上这两片不算太大的海域，放到月球上就大得多了。月球上，澄海的面积是17万平方公里，只相当于里海面积的2/5。

通过上述类比，同学们对月球的大小，也就有了一个基本的印象了。

月球上的神奇风景

如图40所示，如果我们拥有一架直径达到3厘米的小型望远镜，我们就可以完全欣赏到月球表面的环形山和环形山口了。但是，如果我们置身于月球上进行观察的话，效果一定会超出想象。毕竟，站在地球上观察月亮，总是不那么清晰而直观。

面对一个物体，从远处观赏它的全貌和从近处观察它的细节，差别非常之大。以月球上的埃拉托色尼环形山为例，我们在地球上观看它时，它的中间其实还有一座高山，但我们只能看见它的轮

图 40　月面上的环形山

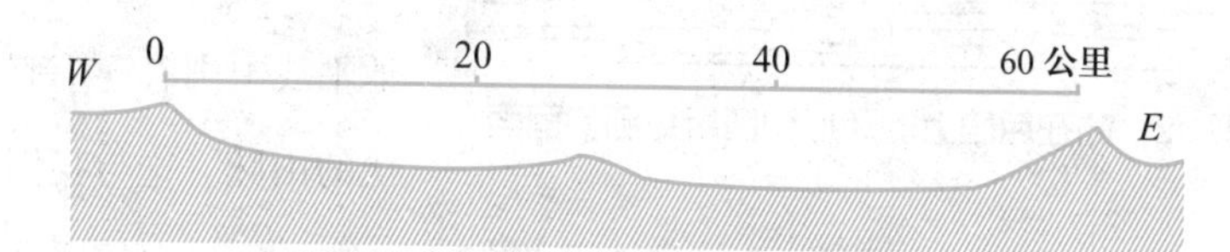

图 41　月球上的巨型环形山的剖面图

廓。如果从侧面来看，如图41所示，可以看到它的直径达到了60公里，环形山口的直径，和拉多加湖与芬兰湾的距离几乎相等。直径这么长的山坡，坡度应该是较为平缓的，所以即便这座山峰非常高，也并不是多么险要。当我们行走在这座环形山中时，可能都感觉不到我们是在爬山。另外，山峰的低处被月球的凹度所遮挡也会让高山的坡度减缓。月球的直径长度约为地球短直径的3/4，所以月球上“地平线”的长度只相当于地球的一半，如此，我们便可以计算出月球上的“地平线”范围[1]，公式是：

$$D=\sqrt{2Rh}$$

其中，D为地平线的距离，h为人类视线的高度，而R代表地球的半径。一个普通人，在地球上最远能够看到的距离不超过5公里。如果将这个数字代入上面的公式，我们就可以知道，如果这个人站在月球上，那么他最远可以看到的距离就变成了2.5公里。

图42　站在月面上的环形山口所见到的画面

图42是一个人站在一个巨型的环形山口所见到的景象。在图中，我们只能见到一望无际的平地，地平线上则有连绵起伏的山脉。这与我们印象中的环形山口差别甚大，我们甚至无法相信，图41中的缓坡其实是一座高山。在月球的表面，构成主要景观的是一座座小型的环形山口，与环形山相比，它们并不算高大。人们为月球上的山脉取了很多名字，例如高加索、阿尔卑斯和亚平宁等等，它们的高度都在七八公里左右。虽然与地球上的山脉高度相似，但由于月球要比地球小得多，所以它们看上去十分高大。

在月球上，还有一座名叫派克峰的山峰。如果我们用望远镜

[1] 有关如何计算地平线，可参看作者的另一部作品《有趣的几何》。

观测它的话，会觉得它异常险峻，轮廓也十分清晰，如图43所示。然而如果到月球上亲眼观看，我们就会极其失望：它只是一座凸出于月球表面的小土坡而已，如图44所示。这是因为月球周围没有大气，就会让阴影比在地球上看到的清晰得多。

图43　在望远镜里观测时，派克峰看起来非常险峻

图44　如果站在月面上观看派克峰，派克峰显得非常低矮

图45　半颗豆子在光线投射下长长的影子

如图45所示，桌子上放着半颗豆子，它凹陷的一面朝下。我们可以看出，它的阴影长度达到了它本身长度的5 ～ 6倍。依据同样的道理，当太阳光照射到月球表面上的物体时，其阴影长度就可能是它本身高度的20倍。所以，哪怕这个物体只有30米高，我们也可以清晰地看见它。在地球上用望远镜观测月球时，月球表面的凹凸都会被放大，故此人们便会觉得它们十分高大。

然而，有时又会出现相反的情况，让我们把一些重要的地形忽略掉。利用望远镜，我们可以看到月球上某些狭窄得可以忽略的“缝隙”，而事实上，它们可能是一些延伸到地平线之外的深不可测的沟壑。月球上的一些断裂的岩石被称作“直壁”，如图46和47

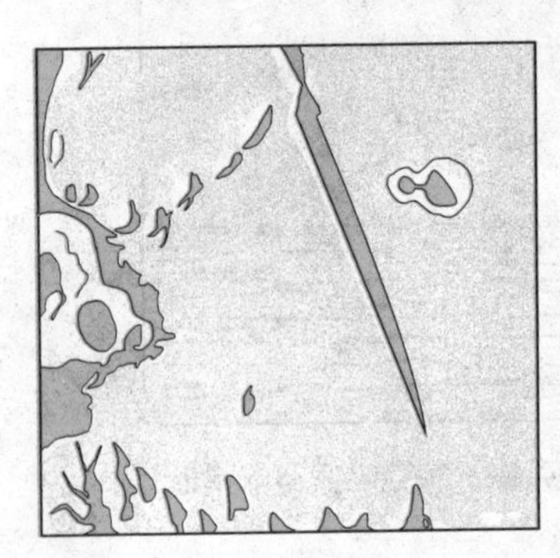

图46　望远镜中可以看到的月面上的“直壁”

图47　如果站在月面上的“直壁”脚下看，“直壁”显得高而陡峭

图 48　在月面裂口附近所见到的情景

所示。它们伫立在月球表面，并且延伸到地平线之外，长度可达100公里，而高度则有300公里，看起来十分壮观。然而在地球上观测，我们根本不会将这两幅图景联系到一起。

图48展现的，是在地球上用望远镜观测到的月球表面的裂口。而实际上，它们则是一些相当大的洞穴。

月球上的奇异天象

在月球上看到的天空，和在地球上看到的完全不同。如果我们可以自由行走在月球表面，那里的奇异天象一定会吸引我们的眼球。

一、黑幕漫天

法国天文学家弗拉马里翁曾经这样描写过地球上的天空：

“在蔚蓝清澈的天空下，晨曦显得粉红，晚霞显得壮丽。而沙漠、田野、平原的神秘景色，同样令人陶醉。湖面如镜，映衬着天空的蔚蓝。而一切的美丽，都要归功于地球上那层薄薄的大气。如果没有它，这些美丽的景色都将不复存在。天空的蔚蓝将立刻转为黑暗，日出和日落的磅礴也归于无有，昼夜不再更替，阳光照射到的地方无比炎热，而没有阳光的地方则暗如黑夜。”

这段文字告诉我们：天空之所以是蔚蓝色的，都是因为我们的大气层。而上文中的后半段描述，就是我们在月球上看到的天象。

无论是白天还是黑夜，月球上的天空都是一团黑暗，唯有群星作为点缀。由于月球周围没有大气层，故而这些星星看上去要明亮得多，也不会一闪一闪。并且在白天，月球上的阳光会非常炽热。

曾经，有一些航天家搭乘俄国的“自卫航空化学工业促进会”号平流层飞艇到达过21公里的高空，在那里，天空已经变成了黑色。也就是说，如果大气层变得比现在再薄一些的话，天空便不再是现在这样蔚蓝。

二、高高悬挂的地球

在月球上，人们会看到地球高高地悬在空中。原先，地球被我们踩在脚下，现在却跑到了我们的头上。其实，这并不奇怪。在宇宙中，上下的位置是相对而言的，当我们站在月球上时，地球的确相对在我们的上方。

那么，在月球上看到的地球是什么样子的呢？在普尔柯夫天文台，曾经有一位名叫季霍夫的天文学家，他对这个问题有着专门的研究。他曾说：

“在其他星球上看到的地球，只会是一个发光的圆盘，看不清上面的任何细节。这是由于当太阳光照向地球时，还未能到达地面，就被大气和其中的一些杂质散射到了空中。即便地球自身对光线有反射作用，然而通过大气的散射，这种作用被大大减弱了。”

由此可知，我们在月球上，只能看见被云层半遮半掩的地球，无法看清上面的细节，因为大气散射了阳光，使地球显得异常明亮。曾经有人以为，我们在月球上看到的地球会非常清晰，就像地球仪那样轮廓分明，其实这是完全错误的。

此外，在月球上观测到的地球会显得异常庞大，其直径会达到在地球上看到的月球直径的4倍，而面积则会是14倍。地球表面对阳光的反射能力也要大大强于月球，大约是月球的6倍。它所反射的阳光，自然也就比月球多得多。所以，在月球上看到的地球，其亮度会是地球上看到的月球的89倍。[1]换句话说，这相当于有将近

---

[1] 丁达尔在《论光线》一文中说过：“就算太阳光被一个黑色的物体反射，它也依然是白色的。所以，月亮即使被一团阴影笼罩，看上去也像是一轮银盘。”其实，月球上的土壤反射阳光的能力和潮湿的黑土差不多，它们都是通过漫射来散发光线。即便如此，这种漫射也只比维苏威火山的岩浆漫射得稍弱一些。月光是白色的，而月球上的土壤却是黑色的，并不是一般人想象的白色。这一点并无任何矛盾。

90个满月在同时照射地面，并且丝毫没有大气层的削弱，这光辉将会是多么明亮啊！在地球的“照耀”之下，哪怕是到了黑夜，月球上也会像白天一样明亮。其实，也正是因为地球对阳光的反射，我们才可以在地球上看到40万公里之外的新月的凹面，而且即使没有阳光照射的地方，我们也可以见到一丝丝细微的光芒。

我们在前文提到过月球的运行，相信同学们也一定记得：月球始终只有一半是面向地球的。这使得在月球上看到的地球，总显示出一个特点：地球总是悬挂在一个特定的位置保持不动，并不像其他星星一样有升有降。但是在地球后面，则有无数的星星在旋转，旋转一圈所花费的时间，是地球上一昼夜的$27\frac{1}{3}$；太阳也在旋转，旋转一圈则需要一个地球昼夜的29天半。其余的一些行星也在旋转，只有地球悬挂在黑暗的天空一动不动，俯瞰着月球。无论我们身在地球的什么地方，都可以看到月球，然而在月球上看地球，情况却并非如此。如果你在月球上的某一点看到地球悬在空中，那你就只能看到它悬在空中；如果你在月球上的另一点看到地球位于地平线，那你也只能看到它位于地平线。

在月球上，我们有时也可以看到地球的摆动。有时，在月球的“地平线”上，地球会沉下去，但立刻又升起来，如此，就形成了图49中那一条奇怪的曲线。这其实是由月球的天平动现象造成的。在月球上观察，地球的位置并非完全不变，而是在一个平均的位置进行摆动。它的南北摆动角大约为14°，东西摆动角则大约为16°。这个现象只发生在月球的“地平线”附近，其他地方是不会发生

图 49　在月球“地平线”的地方，有时地球会沉下去，瞬间又升起来，图为地球运动路线

的。虽然地球一直停留在月球的天空上，但是地球依然要用去24小时进行自转。所以如果在月球上，我们透过大气层来观察地球的话，它就完全会变成一座计时相当准确的时钟。

古人说，“月有阴晴圆缺”。这是从在地球观看月球的角度上而言的。实际上，由于地球相对于月球也存在相位变化，所以这句话用在从月球上观看地球，也非常合适。在月球上看地球，也会出现地球的“满月”或“弯月”的景象，形状的宽度则决定于地球被阳光照射的部分有多少朝向月球。此外，在月球上看到的地球的形状，和在地球上看到的月球正好相反。比如，在地球上看不到月球的时候（即朔月），在月球上却可以看到一个圆满的地球；而当在地球上观测到满月的时候，月球上看到的地球则会成为一个带着明亮光圈的黑色圆盘（可以称其为“朔地”），如图50所示。

之前我们说过，由于地球周围的大气层会散射阳光，所以在

图 50 月球“朔地”示意图

地球上，人们是看不见朔月的。这时，月亮通常会位于太阳的上下（有时会相差5°，这个差距差不多是月球直径的10倍），并且上面会有一条被阳光照射得异常明亮的线。不过，由于太阳光太过明亮，这条窄线很容易被掩盖，只有在春天的某些时刻，我们才会在朔月的后几天看到它，然而此时月球已经距离太阳相当遥远了。而在月球上观看地球，则不会存在这样的景象。由于月球周围没有大气层，太阳的周围就不会有光芒，它周围的行星和恒星也都不会消失。只要不出现日食，地球就一定会出现在黑色天空上的某一个位置，如图51所示。并且，如果我

图 51 只要不遇到日食，
地球一定会在黑色的天空出现

们在月球上看地球，会发现“朔地”的两个角是背向太阳的，而且会随着地球朝着太阳的左边移动。由于我们的肉眼并不能与月球和太阳的中点连成一条直线，所以如果我们在地球上用望远镜来观测月球，这样的情况也会发生：在满月的时候，月球并不是一个正圆形，而是少了一道非常狭窄的边。

三、从月球来看“食”

在地球上，我们可以经常观测到月食或日食。在月亮上，是否也可以观测到类似的现象呢？

答案是肯定的。在月球上，我们可以观测到两种“食”：日食和所谓的“地食”。当地球上出现月食时，就证明地球运行到了太阳和月亮的连线上，这时，月球会被地球的阴影遮盖。而与此同时，在月球上看到的则是日食现象，并且要比地球上精彩得多。这时，悬挂在月球天空上的那个又黑又圆的地球平面，就会出现一条边缘，如图52所示。同学们都知道，在发生月食的时候，我们在地球上可以看到黑暗的月球边缘上出现一圈樱桃红色的光圈，这是由地球上的大气层所形成的紫红色光线照射而成的。

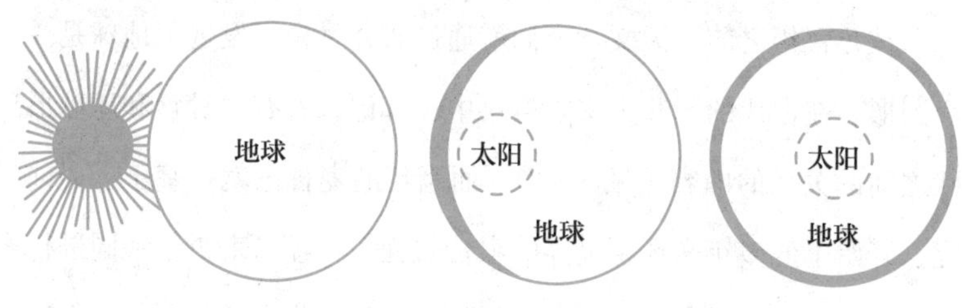

图52　月球上的日食

在地球上可以看到月食的时候，在月球上就会同时发生日食。所以，这两者的时间恰好是完全一样的，约为4个小时。然而，地球上的日食现象和月球上的“地食”却只能维持几分钟。月球上发生“地食”现象时，我们在月球上可以看到地球的表面有一个小黑点在不停地移动，而这个黑点所在的地方，就是在地球上能够看见日食的地方。

在整个太阳系中，只有在月球和地球上可以看到“食”的天文现象，其他任何一个星球都不能达到以下条件：当月球挡住太阳时，月球与地球的距离和太阳与地球的距离之比，大致相等于月球的直径与太阳的直径之比。

月食为何吸引着天文学家？

当月球位于地球背光的一面时，就会被地球挡住某一个区域内的太阳光线，所以在我们看来，月球就好像消失了一部分。这种现象，被我们称为“月食”。

在几百年之前，天文学家们就通过研究月食，发现了地球是一个圆形。在古代的一些天文学典籍中，都记载着有关月食和地球形状之间的关系的内容（见图53），而当年的麦哲伦就是基于这个前提，开始了他多年来环游世界的艰苦航程。曾经与麦哲伦一同进行此项事业的船员曾言：“教会始终告诉我们，世界是一个被水面环

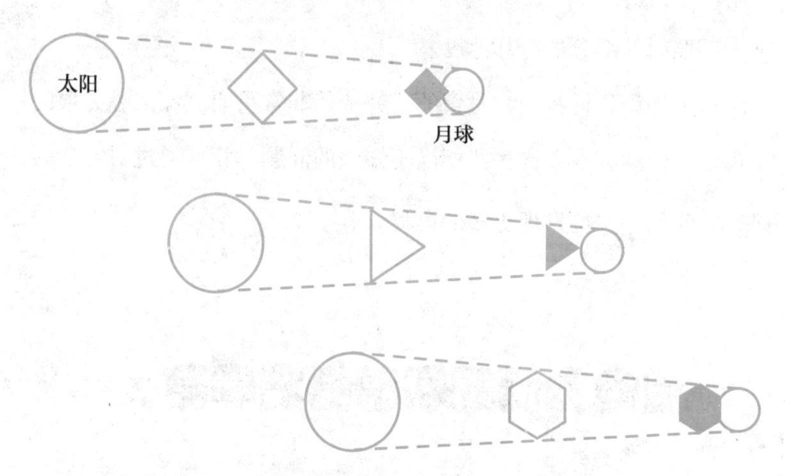

图53 月面上的阴影是由地球形状决定的

绕的平地，然而麦哲伦却始终坚持着他的观点。他断言，月食现象证明了地球的阴影是一个圆形，而如果它的影子是圆的，那它自己也应该是圆的……”

时至今日，许多天文学家依然热衷于观察和研究日食现象。虽然月食出现的概率是日食的2/3，却很少有人愿意观赏。这是因为只要看到了月球的一半，我们便能够观测到月食。并且，世界各地都可以看到此时的月球发生的变化，只不过在不同的时区，月食发生的时间存在区别。

月食发生时，由于太阳光会折射到一个锥形的阴影之内，所以我们依然可以看到月球本身。而这时月球的颜色和亮度，吸引了天文学家们的目光。他们研究之后发现，在月食发生时，太阳黑子的数量会影响月球的亮度和颜色，并且，他们还可以测量出月球没有被太阳照射的部分的冷却速度。

以上知识告诉我们，月食的研究依然非常重要。在浩瀚无垠的宇宙中，依然存在着许多我们尚不知晓的问题。相信通过对月食的研究，我们一定会发现更多的奥秘。

日食为何吸引着天文学家？

只要世界上有哪个地方即将发生日食，天文学家们就会立刻赶到那个地方，不畏艰难险阻。例如，1936年6月19日，发生了一次只有在苏联境内才能观测到的日全食，因此，有来自10个国家的70多位天文学家一同来到苏联，只是为了观测一场持续两分钟的日全食。其中，有四个远征队恰好赶上了阴天，并未看到日全食，因此抱憾回国。那时，苏联投入了许多人力、物力、财力，一共组建了30个远征队伍。天文学家之所以如此热衷于日食，是因为日食发生的概率实在太低了。

那么，日食现象如何发生呢？有时候，月球会遮住太阳使其变暗，甚至完全消失，这种现象被我们称为“日食”。而月球投影到地球上的范围，便是能够观测到日食现象的“日全食地带”，它总共只有300公里的长度。并且，如果想在地球上的同一位置观测到两次日食，需要相隔两三百年的时间。另外，日食持续的时间很短，因此想要看到一场日食尤其是日全食，是非常不容易的。

当月球挡住太阳时，它身后长长的锥形阴影恰好可以到达地面，这时，月球与地球的距离和太阳与地球的距离之比，大致相等于月球的直径与太阳的直径之比。此时，在这个锥形阴影的尖部扫过的地方便可以看到日食，如图54所示。如果以月影的平均长度来计算，我们是根本看不到日全食的，因为这个平均长度要小于月球到地球的平均距离。不过非常幸运的是，月球绕行地球的轨道是一个椭圆，月球距地球最近时相隔356900公里，而最远时则有399100公里，两者相差42200公里。因此，月影的长度才有可能大于月球和地球之间的距离，我们也才能观测到日全食。

而日食现象又为何如此吸引天文学家呢？其中很重要的一点，便是日食可以为人类提供大量的珍贵数据和研究机会。

第一是研究“反变层”的光谱。在日常情况下，太阳光谱是一条带有许多暗线的明亮谱带；而在日食发生时，当月球遮住太阳的几秒钟之内，太阳光谱会变成一条带有许多明线的暗谱带。这时，前者的吸收光谱变成了后者的放射光谱。我们将放射光谱称为“闪

图54　在月影的锥尖划过的地方能够看见日食

光谱”，它被天文学家们用来研究太阳表层的性质。在日食发生时，我们可以非常清晰地看到这种闪光谱，这非常利于研究太阳表层的性质。所以，每一次日食的发生，对科学家们而言都是一次难得的机会。

第二是研究日冕。日冕只有在日全食发生时才可以看到。太阳表层上那一块如同火焰燃烧一般的凸起，叫作日珥。这时，在日珥旁边的黑色月球表面上，日冕会呈现出五角星的形状，中心则是黑暗的月面。日冕的形状，会随着太阳运动的活跃程度进行改变：在太阳活动的极大年，日冕会接近于正圆形；而到了太阳活动的极小年，日冕会成为椭圆形。如图55所示，在日食发生时，我们会观测到形状各异、大小不同的珠光，有的甚至几倍长于太阳的直径。在1936年的一场日食中，人们看到的日冕异常光亮，甚至比满月还要亮，而它的珠光长度达到了太阳直径的3倍，有的甚至更长，这是千载难逢的奇观。

图55 日全食时，黑色月面周围的日冕

迄今为止，天文学家们依然无法定义日冕。所以在日食发生时，他们只能拍下它的照片，一边研究它的光谱和亮度，一边研究它的具体构造。

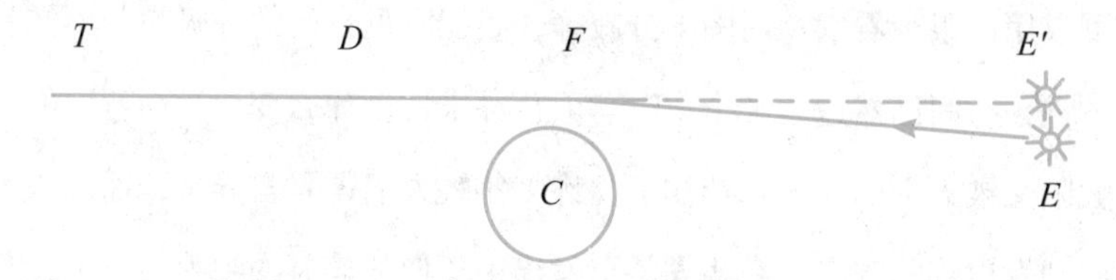

图56　相对论的推论之一——光线在太阳的引力作用下会偏离原来的位置。按照相对论，站在点T的人看到星光沿 *E′FDT* 射来，而实际上星光沿着 *EFDT* 射来。图中的 *C* 指太阳，如果没有它的引力，星光就会沿直线 *EF* 射向地球

第三是验证相对论在推测天体位置时的准确性。根据一般相对论，天体在经过太阳的时候，会因太阳的引力偏离既定的轨道，而其他天体也会随之移动，如图56所示。关于这一观点，目前天文学家只能在发生日全食时进行验证，但直到现在，都无法完全证实上面的推论。[1]

除去以上三条对科学研究的帮助，日全食还具有极高的美学价值。俄国作家柯罗连科有一本关于日全食的著作，记录了1887年8月，他本人在伏尔加河岸的尤里耶韦茨城观测到的一场日全食。以下是作品中的一段描写：

“此时，太阳已经消隐在一团巨大的、朦胧的斑状云中。当它再次出现时，却已经少去了一块……

“空中仿佛升腾起一片云雾，刺眼的光芒也渐渐柔和，我甚至

[1] 这里所说的星光的偏折，目前已经得到了证实，然而在数量方面还无法与相对论的观点完全吻合。研究表明，这个观点还需要进行一些修正。

可以用肉眼观看它。周围十分寂静，我能听见自己的呼吸声。不知不觉，时间已然过去半个小时。天色并未发生什么变化，而弯弯的太阳又被天上的浮云遮挡住了。许多年轻人显得兴奋异常，而老人们则发出阵阵叹息。有些人甚至发出了类似牙疼时的哼鸣。

“天色愈来愈黯淡。在阴暗的光照下，众人渐渐变得不安。河面上的船舶已然看不清轮廓。光线越来越暗，就好像黄昏降临。景物也随之模糊：草叶不再是绿色，远处的山峰则显得摇摆不定。

“太阳越来越弯了。然而在我们眼中，这依然不过是一个极其阴暗的白天。这时，我想起了一个有关日食的说法：他们说，天空会完全黑暗。这未免有些危言耸听。这时的太阳已经变成了窄窄的一道，而我在想：如果连这一道也完全消失，世界真的会漆黑一片吗?

“忽然，这一道真的消失了。一瞬间，整个儿大地都被浓烈的黑暗笼罩。我看到片片阴影从南方飞奔而来，很快便遮盖了山岗、河流和原野，就好像一块巨大的幕布。这时，我身旁的所有人都鸦雀无声，人群也变成了紧密的阴影……

“这根本不同于夜晚，没有月光，也没有树影。天空似乎垂下了一张稀疏的网，还好像向大地撒下了点点微尘。在另一侧的天空中，则有微光渐渐传来，将大地上的黑幕微微地揭开。空中乌云密布，云中似乎有着激烈的争斗……而黑暗的背后，一些变幻的亮光逐渐向我们显现，使得刚才的景物复活。太阳像是被什么给拽住了，一直在天上奔跑。云朵也惊魂未定，在天上惊恐地蹦跳着。”

同学们也许听说过“人工日食”：找一个不透明的圆片放在望

远镜中，遮住太阳，看上去就像发生了日食一般。所以，你可能会想：既然利用这种方法可以人造出日食，我们是否就没有必要用高昂的代价来观测真正的日食了呢？事实上，真正的日食根本无法被这种人工日食取代。太阳光在照射到地面之前，一定会穿越大气层，并且被它漫射，这才使得天空看上去是蔚蓝色的。虽然人工日食也可以遮住阳光，但是在周围还存在着被漫射的光线。而在宇宙中，月球比起大气的边界要远去数千倍，它足可以成为太阳光照射地球时的屏障。因此在发生真正的日食时，并不存在漫射的光线。当然，从严格意义上讲，漫射的光线并非全然消失，只是数量非常少，还是有一些光线慢慢地进入了阴影之中。因此，日全食时的天空也并非完全漆黑一片。

日食和月食为何每 18 年出现一次？

很久以前，古代的巴比伦人便发现：每隔18年零10天，就会出现一次日食和月食。他们把这个现象称作“沙罗周期”。古时候的人就是利用这个周期来推测日食和月食的。尽管沙罗周期很早便被发现，但直到近代，人们才研究出了它形成的原因。

月球绕行地球一圈的时间被称为一个月。在天文学上，一个月可以有五种不同的时间长度。接下来我们看其中两种：朔望月与交点月。

朔望月是指出现两次相同的月球相位间隔的时间，也就是在太阳上观看月球绕行地球一周所花费的时间。它相当于上一次朔月出现与下一次朔月出现所间隔的时间，为29.5306天。

交点月中的“交点”，是指地球公转轨道和月球绕地球运行轨道之间的交点。从这个交点开始，月球绕行地球一圈再回到交点所花费的时间就是交点月，为27.2123天。

日食与月食的形成条件之一，就是朔月或者望月恰好位于这个交点上，这时，地球、月球、太阳三者的中心可以连成一条直线。也就是说，从出现一次月食到出现下一次相同的月食，其间隔的时间必定包含整数个的朔望月与交点月。

我们可以通过以下这个方程计算出这个间隔时间：

$$29.5306x=27.2123y$$

其中的x和y必为整数。我们再把这个方程改写成比例式，即：

$$x:y=27.2123:29.5306$$

在这个式子中，由于27.2123和29.5306之间没有公约数，因此它的最小整数答案，只能是x=272123，y=295306。这两个数字有着几万年的时间，对我们推测日食与月食的周期没有任何帮助。所以，天文学家在计算时只取它们的近似值，即：

$$\frac{295306}{272123}=1\frac{23183}{272123}$$

在剩下的分数中，再用分子和分母分别除以分子：

$$\frac{295306}{272123}=1+\frac{23183\div 23183}{272123\div 23183}=1+\cfrac{1}{11+\cfrac{17110}{23183}}$$

再将171110/23183的分子和分母除以分子，一直除下去，就可以得到下面的式子：

$$\frac{295306}{272123}=1+\frac{1}{11}+\frac{1}{1}+\frac{1}{2}+\frac{1}{1}+\frac{1}{4}+\frac{1}{2}+\frac{1}{9}+\frac{1}{1}+\frac{1}{25}+\frac{1}{2}$$

我们只采用前面的几节，就会得到一些近似值：

$$\frac{12}{11},\ \frac{13}{12},\ \frac{38}{35},\ \frac{51}{47},\ \frac{242}{223},\ \frac{535}{493}$$

当计算到第五个近似值时，对我们而言就足够用了，它已经极为精确。当然，如果我们继续计算下去，就会得到更精确的数值。如果采用这个近似值，即x=223，y=242，我们便可以得知，日食和月食的重复周期是223个朔望月或242个交点月。如果将月换算成年的话，就是18年零11.3天或者零10.3天（在这段时间内，可能会出现四到五个闰年）。

以上内容，讨论的就是沙罗周期的基本原理。根据计算，我们可以看出这个周期其实并不精确。所以，我们将上面的结果减去0.3天，将沙罗周期确定为18年零10天。依据这个数值计算出的日食和月食的重复时间，只比实际情况要晚八个小时左右。

如果使用沙罗周期重复进行三次计算，计算结果就要比实际情况正好晚一天了。月球到地球的距离和太阳到地球的距离在时刻发生变化，并呈现出一定的周期规律，而这个规律并未在沙罗周期中得到体现。也就是说，我们只能利用沙罗周期推算出下一次日食或月食发生的时间，却无法知道究竟是全食、偏食还是环食，也不能知道在地球上的哪些地方可以观测到它们。或者，有可能上一次出现的日食面积很小，而下一次出现的日食面积更小，以至于我们根本看不到。这个情况还有可能颠倒过来：第一次，人们根本没有看到日食；而18年后，人们却看到了很小的日偏食。

随着科学的发展，人们对月球的运动规律已经研究得越来越透彻，对日食和月食的推测也变得越来越准确，误差甚至不会超过几秒钟。沙罗周期也就逐渐退出历史舞台了。

当地平线上日月同时出现

一位天文爱好者曾经发誓说，他在1936年7月4日观测一场月偏食时，在地平线上同时看到了太阳和月球。同学们可能会觉得这完全不可能：我们之前说过，当发生日食或者月食时，地球、太阳、月球的中心处在一条直线上。然而，这件事的确是事实。

其实，这并没有什么不可能。这里所说的日月同时出现，只不过是地球上的大气层跟我们开了个玩笑。光线穿越大气层时会发生偏折，我们将其称为“大气折射”。在这种折射的作用下，天体的位置看上去就会比它的实际位置高一些，如图15所示。因此，我们以为自己看到了地平线上的太阳和月球，其实它们依然位于地平线之下。

法国的一位天文学家弗拉马里翁说过：“事实上，在1666年、1668年和1750年发生的三场日食中，这一天文现象表现得相当明显。”并且，在1877年2月15日发生的一场月食中，巴黎的太阳在当天下午5时29分落下，这时月球已经上升。然而当月食发生时，太阳却还在地平线之上。1880年12月4日，巴黎又出现了一次相同的景象：月食在下午的3时3分开始，结束于4时33分。月球升起的时间是下午4时，而两分钟之后，太阳才缓缓落下。这时，月球恰好运行至地球阴影的中心。

我们当然也有可能看到这种现象。当太阳已经升起，或是还未落下的时候发生了月全食，假如我们此刻位于能看到地平线的地方，就可以观测到这个奇观。

关于月食的几个问题

【问】有没有可能一整年都看不到月食？

【答】这种情况非常常见：每隔五年，就会有一年没有月食现象。

【问】月食的持续时间是多长？

【答】月食从初食到复圆可以历经4个小时左右，但月全食最长不会超过1小时50分钟。

【问】一年中最多会出现几次日食和月食？

【答】一年中，日食和月食发生的总数会大于等于两次，小于等于七次。例如，1935年出现了五次日食和两次月食。

【问】月食会从左边开始还是右边开始？

【答】在南半球，月球的右边区域会首先进入地球的阴影，即南半球的月食是从右边开始的。而到了北半球，情况会完全相反。

关于日食的几个问题

【问】有没有可能一整年都看不到日食?

【答】不可能。一年中最少会出现两次日食。

【问】日食的持续时间是多长?

【答】赤道地区的日食持续时间最长，日全食为7分半钟，从初食到复圆可以历经4小时30分钟。而在高纬度地区，日食的持续时间会短一些。

【问】在观测日食时，为何双眼要隔着一块暗色的玻璃?

【答】太阳的光线非常强烈。即使发生日食时，太阳光会有一部分被月影挡住，然而直接用肉眼观测的话，强烈的太阳光也会灼伤人们视网膜上最为脆弱的部分，甚至会造成无法恢复的损伤。而暗色玻璃会帮助我们阻挡这种损害。想要制作这种玻璃，只要利用火焰把玻璃熏成黑色就可以了。透过这种玻璃，我们既可以充分地观测到日食现象，又不会被强烈的阳光灼伤眼睛。不过，由于我们事先无法得知阳光的强度，所以在观测之前，可以多准备几块暗度不同的玻璃。

如果不用这种玻璃，我们还可以将两块色彩互补的玻璃进行叠加，或者用暗度适当的相机底片来进行观测。不过需要提醒大家的是，普通的太阳镜或护目镜是不能用来观测日食的，它们无法保护我们的双眼。

【问】日食时，太阳的表面会有一个月影在不断移动。这个影子的移动方向是向左还是向右？

【答】在北半球，这个影子的移动方向是从右至左，也就是初亏（即月影和太阳最先接触的一点）一直位于太阳表面的右侧；而在南半球，情况就会完全相反，月影的移动方向是从左至右，如图57所示。

【问】发生日食时，太阳表面上弯弯的形状和蛾眉月的月牙是否不同？

【答】它们是不同的。日食时，太阳表面的月牙形状的两边都来自同一个圆，是这个圆形上面的两道弧线（可参看上文“画错的月亮”中的内容）。而蛾眉月的月牙形状的两边则不同：凸出的一

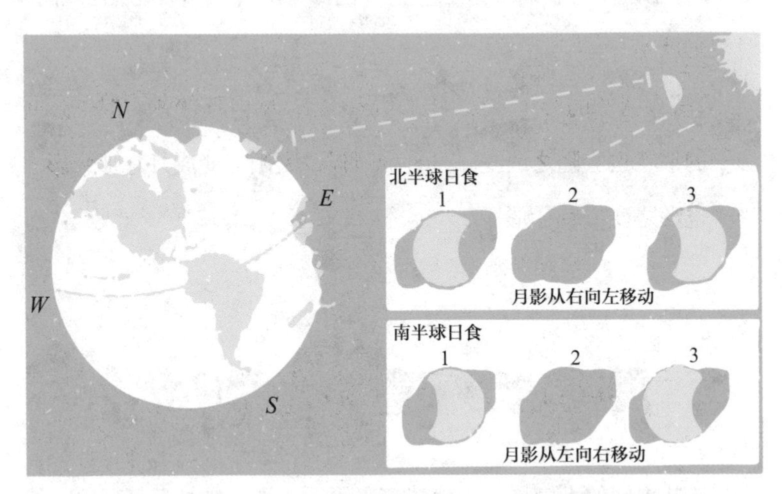

图57　发生日食时，日面上月影移动示意图。在北半球观测，月影是从右往左移动；而在南半球观测，月影是从左往右移动

图 58　日食时可以观测到树叶影子中的光点是月牙形

边来自圆形，凹下去的一边则来自椭圆形。

【问】发生日食时，地面上树叶的影子为什么呈现出图58中的月牙形状？

【答】树叶的影子为太阳的投影。当太阳的形状改变时，这些影子的形状也会随之改变。日食的时候，太阳会变成月牙形，影子当然也随之变成月牙形了。

月球上存在着什么天气？

地球周围的大气层，为地球带来了云、雨、风等天气现象。然而月球的表面没有大气层，也就不存在像地球这样的天气现象。月球上唯一能够称得上是“天气”的，只有其表面的土壤温度了。

现在，科学家虽然身处地球，也可以测量出月球的温度。他们使用的工具非常简单，就是一根用两种不同的金属焊接成的导线。根据热电现象原理，当导线两个焊接点所处的温度不同时，导线中就会有电流通过。而电流的强度，取决于这两个焊接点之间的温差大小，并与之成正比。这时，如果我们知道了电流的强度，便可以测量出被测量的目标传递到导线上热量的多少了。这个仪器虽然很小（它真正起效的部分只有0.1毫克，不足2毫米长），但是却异常灵敏，科学家利用它，甚至可以测量出宇宙中的十三等星传递到地球的热量。十三等星距离地球十分遥远，它发射到地球的光芒，强度只相当于人类的肉眼能够看到的最弱亮度的1/600，想要观测它们，我们只能利用望远镜。而十三等星传递到地球的热量，相当于几公里外的一支蜡烛传过来的热量，然而这种仪器能够接收到这个热量，并使得自身的温度提高千万分之一摄氏度左右。利用这个仪器，我们不仅可以测量一个天体的温度，还可以测量某些天体上不同部位的温度。科学家们就是用它，测量出了月球上的各个部位在不同时间的温度。

我们可以利用望远镜观测到月球表面的一些影像。而在观测时，将上述仪器放置在望远镜中图像的位置，就可以测量出月球相应位置的热量了。通过这个办法，天文学家们测量出的月球温度可以精确到10℃。如图59所示，我们可以看到月球不同位置的温度。当满月时，月球中心部位的温度可以达到110℃，比普通大气压下水的沸点还要高。因此一位天文学家开玩笑说：“如果我们生活在月球，不必使用火具就可以烧熟食物，因为月球中心每块岩石的温度都足够我们烹饪它们了。”而在月球的其他地方，温度则和它们与月球中心的距离成反比。在月球的中心，温度下降的速度很慢，在距离中心2700公里的地方，温度依然可以达到80℃。然而在其他位置，温度的下降速度就会很快：月球边缘的温度是-50℃，在月球照不到阳光的地方，温度则可以低至-153℃。

图59 月面的中央部分温度达到110℃，远离中心的地方，温度迅速递减

由此我们看出，月球的温差变化特别大。而地球由于受到大气层的保护，即使没有太阳照射，温度也只会下降2℃～3℃。但在月食发生时，月球表面由于照射不到太阳，温度的下降就会非常迅速。在一次月食中，有人测量了月球的温度，发现在2个小时内，月球的温度从70℃下降到了-117℃，温差达到了近200℃。如此巨大的温差，是由月球附近没有大气层所导致的，而且月球上的物质比热容很小，导热性也非常差。

因此，如果人类想要在月球上生活，除了需要克服没有空气的问题以外，还要面对强烈的温差这个巨大的难题。

名师点评

月球是地球唯一的天然卫星，与地球形影相随、关系密切，它也是目前人类踏足的地球以外的唯一天体。天文学家正是通过对月球的探索，以及对“地球—月球”这一简单的天体系统的研究，将其作为分析其他天文现象的重要依据，不断地举一反三，拓展了宇宙探索的疆土。

和前一章地球一样，本章也是先借助几个问题初步了解月球的形状、大小、表面特征等概况。古诗中提到的“床前明月光”“杨柳岸晓风残月”等对月球的形容为何各有不同？它们真正的区别在哪里？现实中它们也许和你想象得不一样。在月球上不戴氧气面罩可以呼吸吗？一颗子弹让你了解月球的真空状况。为什么我们看到的月球总是那一个面朝向我们？它的背面是什么样的？原来它“当人一面背人一面”，这不仅和它无大气层有关，还和它特殊的“同步自转”有关。月球上有哪些神奇的风景和奇异的天象？不如换一个问法，既然我们可以在地球上看到月球从地平线“升起”，那么我们能不能在月球上看到地球在月平线上“升起”呢？知识是一环扣一环的，要想明白这些现象，还需将本章从头细细品来。

本章后半部分用大篇幅渲染了“月食”“日食”的重要性，细致地介绍了地球、月球、太阳这三者不同的位置关系，图文并茂、引人入胜。不仅如此，这里还引用了一定的数学运算，让其原理、发生规律分析得明明白白、锦上添花。从中我们也不难发现，几个天体相对位置的不断变化所产生的引潮力，每天都在影响着地球，而发生月食、日食当天的影响更是不容小视。另外，别忘了月食可是推测地球的形状是球体的重要依据，也难怪天文学家如此重视对月食、日食的研究了。

有意思的是，关于月食、日食的几个问题，采用了记者采访的形式，一问一答，言简意赅，采访中也穿插着图解，妙趣横生，能让读者有身临其境的感觉。

第二章 行星

我们能在白天看到行星吗？

我们能在白天看到行星吗？答案是肯定的，但是没有在夜晚看得清楚。不过，天文学家们经常这么做。比如，他们若是想在白天观测到木星，只要所使用的望远镜目镜的半径不小于10厘米，就可以做到，并且还可以区分木星上不同的云状带。而水星则更为特别，在白天反而比在晚上观测得清楚。因为在夜晚，水星会位于地平线之下，大气层还可能让它看上去更加模糊，甚至完全观测不到；而白天，水星便会位于地平线之上，观测就会变得更加容易。

观测行星并没有多么困难，我们有时用肉眼就可以看到它们。例如金星，它被誉为宇宙中最亮的行星。在它最为明亮的时候，我们用肉眼就可以看到它。法国的天文学家弗朗索瓦·阿拉戈曾经提过："某一天中午，天空中闪亮的金星吸引了所有人的目光。拿破仑因此被大家冷落，他气愤不已，懊恼异常。"

我们无须跑到旷野去用肉眼观测金星。即使在繁华的大街上，我们依然可以观测到它，而且效果可能会更好，观测也会更容易。这一点与金星的亮度有关：金星的亮度很大，如果身在街道，周围的建筑物就会将太阳的光线遮住，减弱阳光的强度，使得金星看上去更加明亮；而人们的双眼受到阳光的刺激也会减小，观测起来就更加方便了。

由于人们用肉眼便可观测到金星，所以历史上对金星的记录非常多。例如，俄国的历史文献材料《诺夫哥罗德编年史》中便有这样的记载：在1331年，人们在白天看到了金星。那么，白天出现金星的概率有没有什么规律呢？根据科学家的研究，我们差不多每隔8年，便可在白天看到一次金星。

如果同学们对此感兴趣，并且有志于观测行星，就可以记住这个8年的周期。这样，你不仅可以观测到金星，甚至还可以看到水星和木星。

刚刚我们提到了金星的亮度，那么，金星、水星和木星三者之间，究竟哪一颗行星更加明亮？由于它们三个出现的时间不同，我们无法同时对它们进行比较。不过，天文学家们通过研究，对五颗行星的亮度进行了排序。由强到弱，它们分别是金星、火星、木星、水星和土星。在后面的文字中，我还会具体谈到它们各自的情况。

表示行星的古老符号

如图60所示的古老符号，是天文学家们一直沿用至今的。它们代表着宇宙中的太阳、地球和各种各样的行星。我们可以一起来看看，它们分别代表着什么。

图中的第一个符号表示月球；第二个符号则代表水星，它显

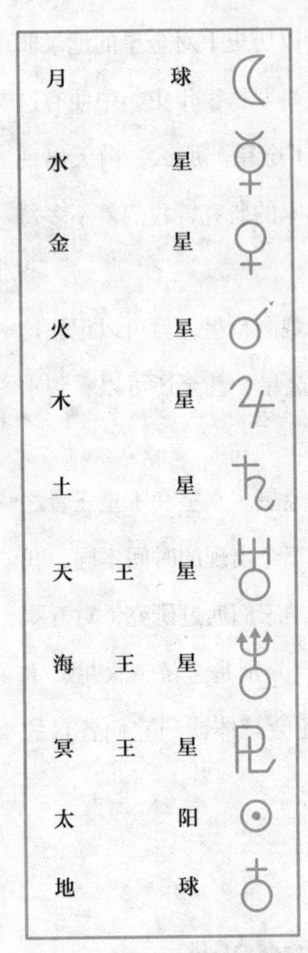

图60 太阳、月球和各大行星的符号

示着水星的保护神墨丘利（也被认为是商业之神）手持着权杖；第三个符号代表金星，它像一面手镜，代表了爱与美之神维纳斯；第四个符号象征着矛和盾，代表火星，因为火星的守护神是战神玛尔斯；第五个符号是一个草写字母*Z*，代表木星，它最为特殊，代表主神宙斯；第六个符号则代表土星，依照弗拉马里翁的说法，这是"时间的镰刀"被扭曲之后的样子。

早在公元9世纪，人们就开始使用这些符号了。随着科学的发展，人们又观测到了一些其他的行星，因此就增加了一些新的符号。天王星的符号是一个圆圈上加了一个字母*H*，以纪念发现它的天文学家赫歇尔（Herschel）。海王星的符号是一个三叉戟，代表着海神波塞冬。冥王星[1]

[1] 进入21世纪，人们陆续发现了一些比冥王星的体积和质量更大的行星。故此，在2006年8月24日，国际天文学民间联合会决议将冥王星改称为"矮行星"，即不把它当作正式的大行星。在此书中，为了尊重原著的年代，我们依然将它视为大行星。——译者著

则是最晚被人发现的行星，它的符号是字母P和L，代表着冥王普路托（Pluto）。

除了各种行星，这些符号中还包括我们熟悉的太阳和地球。相比其他符号，这两个符号看上去最简单。早在几千年之前，古埃及人就已经设计并使用这种太阳符号了。

实际上，这些符号除了用来代表行星之外，还用来表示一周中的每一天。在西方文明中，这个现象非常有趣。比如：

月球符号——星期一

火星符号——星期二

水星符号——星期三

木星符号——星期四

金星符号——星期五

土星符号——星期六

太阳符号——星期日

或许有的同学会问：人们为什么使用这七个符号来代表一个星期的七天呢？如果我们引入一些法文或拉丁文，便可以看出其中的联系了。例如在法文中，lindi（星期一）的意思是月球日，mardi（星期二）的意思是火星日，等等。

此外，古代的炼金术师还用这些符号代表不同的金属。比如：

太阳符号——金　　火星符号——铁

月球符号——银　　木星符号——锡

水星符号——水　　土星符号——铅

金星符号——铜

除了表示星期几和金属以外，这些符号还会被动植物学家们用来表示动物的性别、植物的种类等内容。比如：

火星符号——雄性　　木星符号——多年生草本植物

金星符号——雌性　　太阳符号——一年生植物

土星符号——灌木和乔木

可见，这些符号在生活中的应用相当广泛。

无法绘制的太阳系

在这个世界上，存在着许多无法用纸笔来描绘的东西，例如太阳系。或许有的同学会问：我们明明在很多地方看到过太阳系的图片啊？其实，那些图片表示的根本不是完整的太阳系，夸张一点儿说，它们只是一些被扭曲的行星运行轨道图，而行星本身根本无法在纸上被人们呈现出来。

从本质上讲，太阳系可以被我们看成一个巨大的天体，里面是一些细小的微粒，相比于行星之间的遥远距离，它们简直太渺小了。为了方便观察和研究，我们将太阳系和行星按照比例进行微缩，并将它们绘制在纸上，如图61所示。

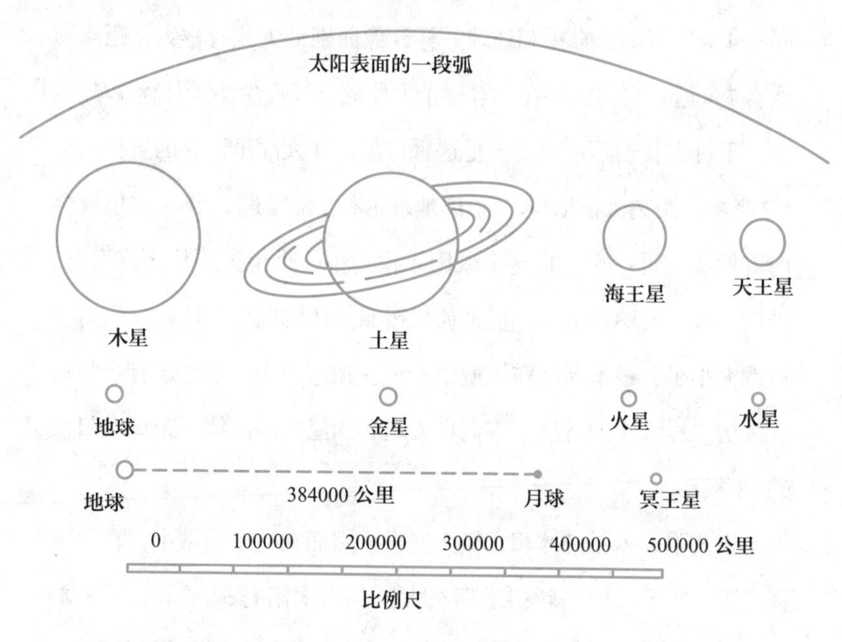

图 61 太阳和行星的相对大小。在这张比例图中，太阳的直径为 19 厘米

用1：15000000000的比例尺来绘制，地球就像一个曲别针尖儿一般大小，直径只有1毫米，而月球的直径是1/4毫米，并且和图上的地球间隔3厘米。相比之下，太阳就要大得多了，直径约为10厘米，与图上的地球相隔10米。如果我们把这张纸看作一个大厅，那太阳的大小就相当于一个网球，被放在大厅的角落。距离太阳10米远的地方，像曲别针尖儿一样大的地球被放在了大厅中。可以看出，宇宙的中部异常空旷，行星们所占据的空间根本算不得什么。尽管在“网球”和“曲别针尖儿”之间还有着水星和金星，但它们也非常渺小：大厅内，水星的直径只有1/3毫米，和网球之

间有4米的距离；金星和地球一样，像曲别针尖儿一样大，距离网球有7米远。它们的存在，对整个大厅的布局产生不了任何影响。

不过，我们不能忘记火星这颗行星。在大厅里，它的直径约为1/2毫米，距离太阳16米，距离地球4米。每经过15年，火星就会向着地球靠近一次。在这个太阳系模型中，火星旁边什么都没有。虽然火星还有两颗卫星，但是如果按照等比例微缩的话，它们的直径就太小了，根本无法在模型中表示。在这个模型中，还有一些只有细菌一样大小的行星，它们在火星和木星之间围绕，距离太阳大约28米远。

事实上，木星的体积也极为庞大。然而在这个模型中，它的直径只有1厘米，像一颗榛子那么大，距离太阳有54米远。在离木星3厘米、4厘米、7厘米和12厘米的地方，分别有四颗卫星存在，每颗卫星的直径大约是1/2毫米。此外在木星旁边，还有一些细菌般大小的卫星。在这个模型中，整个木星系统的直径大约为4米，而地月系统的直径却只有6厘米。

说到这儿，同学们也就能够明白，想在一张纸上画出太阳系，根本是不可能的。在这样的一张纸上，土星和太阳之间的距离是100米，而土星的直径只有8毫米，光环的宽度约有4毫米，厚度约有0.004毫米，而在它旁边1毫米以内的地方，有九颗卫星分布，分别沿着直径为1米的圆形轨道运动；天王星和一颗绿豆差不多大，和太阳相距196米；海王星和天王星的大小相似，但距离太阳更远，约有300米；冥王星的直径比地球还要小，距离太阳也更远，约有400米。

此外，这个模型内还存在着许多彗星，它们围绕着太阳，在椭圆形的轨道上运动。公元前372年、1106年、1668年、1680年、1843年、1880年、1882年（这一年有两颗彗星出现）和1887年，人们都观测到了彗星。每过800年，彗星都会围绕太阳运动一圈，它离太阳最近时距离只有12毫米，最远时却隔了1.7公里。所以，如果想在这个模型中展现出彗星，那它的直径至少要达到3.5公里。然而在如此庞大的模型中，我们只能看到一个网球、两颗榛子、两颗绿豆、两个曲别针尖儿，还有三颗根本看不见的微粒。

所以，我们根本无法将太阳系等比例绘制在一张纸上。

水星为何没有大气层？

行星自转一圈所花费的时间和大气层的存在，看上去似乎毫无联系，然而，它们之间的关系相当紧密。下面，我们以距离太阳最近的一颗行星——水星为例，来具体研究一下这个情况。

同学们知道，只要有重力存在，就会有大气存在。而作为一个独立的天体，水星本身也是有重力的。也就是说，它的周围可以存在着大气层，并且这个大气层的成分应该与地球上的一样，只不过密度要小于后者。在水星上，大气分子若想克服重力的作用，运动速度至少要达到4900米/秒。对地球上的任何大气分子而言，没有一种能够达到这样的速度。

然而事实是，水星周围根本没有大气。月球的周围也没有大气，这其中的原因是相同的。由于月球绕行地球运动，而水星绕行太阳进行公转，所以它们都始终只有一面面向它们围绕的天体。在水星公转时，朝向太阳的一面就是白昼，另一面则是冰冷的黑夜。由于水星和太阳的距离只有地球和太阳距离的2/5，所以水星上的白昼要比地球上的白昼炎热得多，它所接收到的太阳热量是地球的6.25倍。然而它冰冷的另一面，经科学家进行测量，温度只有−264℃。而昼与夜交替的、宽度为23°的中心地带，则时明时暗，时冷时热。

这些原因造成了水星不可能像地球一样形成大气层。在水星没有被太阳照射的一面，气温极低，气体都凝结成了固体，气压也异常低；而到了被太阳照射的一面，气体遇热便膨胀起来，慢慢流向了黑暗寒冷的另一边，到了另一边，气体又会凝结成固体。所以，水星上的气体都以固体形式，存在于接收不到太阳照射的一边。于是，整个水星上的空气就消失了。

月球上没有大气的原因，与水星完全相同：气体遇热膨胀，流向了黑暗的一边，再遇冷凝结，成为固体，最终完全消失。威尔斯在他的小说《月球上的第一批人》中写道：“月球上也存在着空气。不过它们先是变成了液体，然后再不断固化，以致我们只能在白天感觉到它们。”霍尔逊教授并不赞同他的这个观点。他认为：“月球上根本没有空气，我们也无法在上面感受到空气。因为空气会在月球的黑暗一面进行固化，而光明一面的气体又会遇热膨胀，以致流向黑暗的另一面，并再次进行固化。因此，月球上是不可能存在着大气的。”

科学已经证明，水星和月球上都没有大气。然而金星周围却存在着大气层。在它的平流层中，二氧化碳的含量已经超过了地球大气层中的一万倍。

金星何时最明亮？

同学们或许听说过高斯这个人。他是一位天才数学家，在数学领域内创造过不少传奇。对大多数人而言，他可能只是一位卓越的数学家；殊不知，他也是一名狂热的天文学爱好者。他曾经通过望远镜，观测到了金星的位置和形状，为了验证他的发现是否正确，他还邀请他的母亲来帮忙。在一个星光璀璨的晚上，他带着他的母亲来到了一架普通的望远镜前。他本想让母亲观测那颗由他发现的月牙形状的金星，却没想到母亲为他带来了更大的惊喜。原来，高斯只是观测到了金星的位置和形状，却没有考虑到它的相位变化；而母亲的观测告诉他，金星也存在着相位的变化：它的月牙形状朝向和月球相反的方向。于是我们知道，金星和月球一样，也存在着相位的变化。

经过研究，天文学家发现，金星的相位变化具有它自己的特

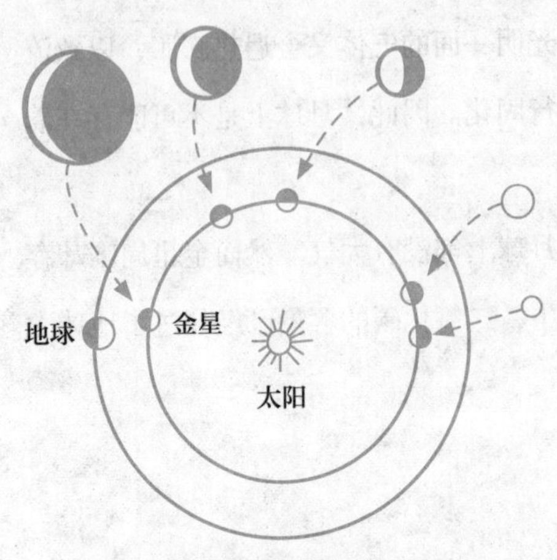

图 62 通过望远镜观测到的金星相位。金星在不同相位时有不同的视直径

点。如图62所示，当金星呈现出月牙形状的时候，它的视直径比它圆满的时候还大。这是因为金星和地球之间的距离，会随着它相位的变化而变化。地球和太阳的平均距离是15000万公里，而金星和太阳的平均距离是10800万公里。也就是说，地球和金星之间的距离，最近约为4200万公里，最远则可以达到25800万公里。

当金星距离地球最近时，它的视直径是最大的。这时，它黑暗的一面朝向我们，也就让我们的观测并不是那么清晰。而随着金星与地球的距离越来越远，它就从月牙的形状变得越来越圆满，视直径也变得越来越小。不过，我们需要知道：金星并不是在它最圆满的时候显得最亮，也并不在它的视直径最大的时候（64″）最为明亮。在这两个时间，我们都无法观测到最为明亮的金星。准确来说，金星最明亮的时间，是在它的视直径达到最大值之后的第30天（这时，金星的视直径为40″，而它月牙形状的视直径为10″）。这时，金星就是天空中最亮的一颗星，亮度能达到天狼星的13倍。

什么是火星大冲？

前文曾经提到，每过15年，火星就会和地球接近一次。也就是说，这时它们两者之间的距离是最近的。在天文学上，这一现象被称为“火星大冲”。最近两次出现火星大冲的时间，是1924年和1939年（见图63）。然而，为什么火星大冲每隔15年就会出现一次呢？这其中的原因，其实并不复杂。

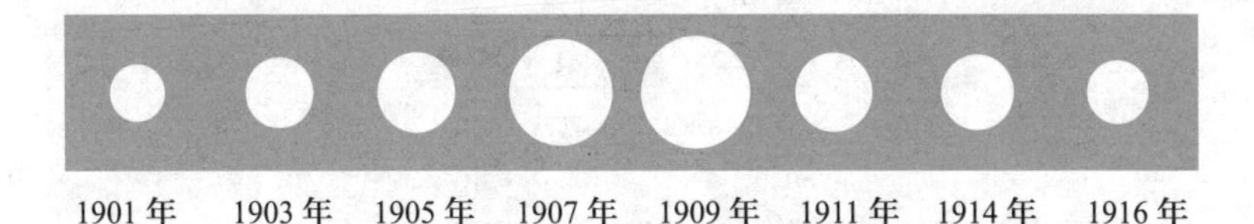

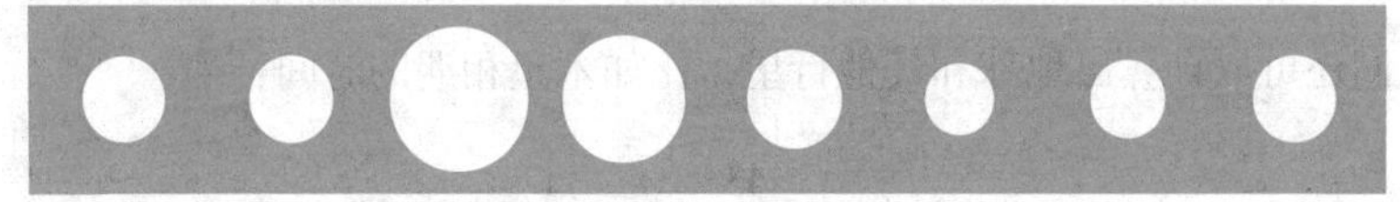

图63　20世纪上半段中火星各次大冲时期视直径的变化，从图中可以看出，20世纪上半段各次大冲分别发生在1909年、1924年和1939年

前文提到，地球绕行太阳公转一圈，要花去$365\frac{1}{4}$天，而火星的公转周期是687天。因此，地球和火星从此次相遇到下一次相遇，中间相隔的时间应该是它们各自的公转周期的整数倍。我们可以列出以下方程：

$$365\frac{1}{4}x=687y$$

即$x=1.88y$。又即：

$$x:y=1.88=47/25$$

我们把右边的这个分数化成连分数的形式，即：

$$\frac{47}{25}=1+\cfrac{1}{1+\cfrac{1}{7+\cfrac{1}{3}}}$$

再取前三项的近似值，即可得出：

$$1+\cfrac{1}{1+\cfrac{1}{7}}=\frac{15}{8}$$

这个数值告诉我们：地球上15年的时间，相当于火星上的8年。所以，火星和地球会每隔15年相遇一次。利用这个方法，我们还可以计算出地球和其他行星，比如木星相遇的时间：

$$11.86=11\frac{43}{50}=11+\cfrac{1}{1+\cfrac{1}{6+\cfrac{1}{7}}}$$

取前三项的近似值，就是83/7。也就是说，地球上的83年，相当于木星上的7年。它们每隔83年便会相遇一次，而这时也是木星最为明亮的时候。根据记载，1927年曾经发生过一次木星大冲，所以，我们可以据此推断出下一次的木星大冲会在2010年，再下一次则是2093年。

行星，还是小太阳？

木星是太阳系中最大的行星，至少相当于1300个地球的体积。并且，由于木星的引力十分强大，有许多卫星围绕在它的旁边。迄今为止，天文学家至少发现了11颗木星的卫星，其中四颗最大的卫星，早在几百年前就被伽利略发现了。我们用罗马数字Ⅰ、Ⅱ、Ⅲ和Ⅳ来表示这四颗卫星。其中的木卫Ⅲ和木卫Ⅳ，它们的体积并不比真正的行星小。在下面的表格中，我们列出了这四颗木星的卫星与水星、火星和月球的直径对比。

天体的名称	天体的直径 / 公里
木卫Ⅰ	3700
木卫Ⅱ	3220
木卫Ⅲ	5150
木卫Ⅳ	5180
火星	6788
水星	4850
月球	3480

如图64所示，图像更为直观地比较了它们的直径。图中，最大的圆形代表了木星，最左边的四个圆形代表了木星的四颗卫星；在木星的直径上依次排列的那些小圆代表了地球，紧挨着地球右侧的一个小圆代表了月球；在月球的右边，则是火星和水星。

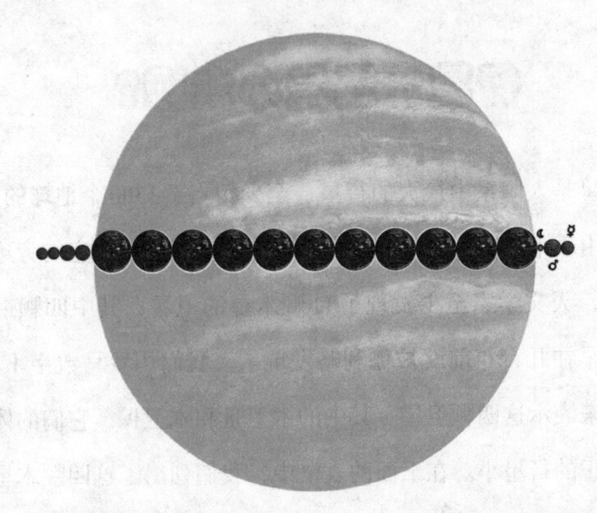

图64 木星和它的卫星跟地球、月球、火星、水星的大小比较图

然而，这张图只是一张平面图，而不是立体模型。这些圆形的面积比，和这些天体的实际体积比并不一致。球体的体积大小，与它直径的立方成正比。如果木星的直径是地球的11倍，那它的体积就会达到地球的1300倍。在知道了这一点之后，我们就不会被图片所误导，从而对木星的真实大小产生一定的认识。

前文提到过，木星的引力极其强大，我们可以通过它与其卫星的距离观察到这一点。在接下来的表格中，我们也列出了这些距离与地球和月球之间距离的对比。

天体	距离 / 公里	比值
地球到月球	380000	1
木星到卫Ⅲ	1070000	3
木星到卫Ⅳ	1900000	5
木星到卫Ⅸ	24000000	63

人们把木星称作“小太阳”还有另外一个依据，就是木星和太阳的物理结构十分相似。组成木星的各种物质，其平均密度大约为水的1.3倍，这个密度和太阳的密度（它是水的1.4倍）非常接近。不过，因为木星的形状十分扁平，所以有些天文学家认为，它拥有一个密度十分巨大的内核。这个内核之外，包裹着一层非常厚的冰和大气。

在不久之前，人们再次证实了木星和太阳之间的相似性。有些人认为，木星之外并没有固体的外壳，并且在不久后就会变成一个发光体。不过，这个说法很快就得到了否认。科学家们测量了木星的温度，惊奇地发现那些飘浮在大气之上的云层温度低得惊人，竟然只有-140℃。

我们现在还不知道这一低温会呈现出什么样的物理特征，比如木星大气中的风暴、云状带和红斑等。不久之前，科学家发现在木星和与之相邻的土星上，存在着含量很高的氮气和沼气[1]，然而若是想充分地了解木星，天文学家们还有很长的一段旅程要走。

消失的土星光环

土星的周围，围绕着一圈光环。凡是见过这圈光环的人，都会被它的美丽所感染。有些人甚至会联想到天使身边的光环，它带给人们无限的温暖。然而，在许多年前流传着这样一则谣言：在未来的某一天，土星周围的这圈光环会碎掉，这些碎片在宇宙中飘浮不定，并终将撞向地球，为地球带来灭顶之灾。有些人甚至推演出了这场灾难发生的时间，以及它为地球带来的严重后果。

如今我们可以知道，这完完全全就是个谣言。然而，这个耸人听闻的谣言，在当时的的确确让许多人惊恐万状。而且，土星周围的光环是否真的会消失？如果消失了，又会带给人类什么后果？实际上，土星的光环的确会消失，这种现象在天文学中被称为“土环消失”。这种现象十分正常，也不会为人类带来什么灾难。

土星光环的消失，其实非常简单。相对于宽度而言，整个光环是非常薄的，而这个光环的侧边朝向太阳时，它的上下两个面就不

[1] 在比木星、土星更加遥远的行星，比如天王星和海王星上，沼气的含量会更高。在1944年，科学家们发现，土星最大的卫星泰坦上也存在着由沼气组成的大气。——译者著

能同时被阳光照射。正是因为阳光无法照到它们，我们才无法看见这个光环。此外，当光环的侧面朝向地球的时候，我们依然无法看到光环，这就是土星光环所谓的“消失”。所以，土星的光环并不会像谣言中所说的会碎裂，甚至会撞向地球，为人类带来灾难。

在天文学中，除了土星光环的“消失”之外，还有一种现象叫作土星光环的“展露”。土星的这道光环和土星绕行太阳的公转轨道之间形成了一个27°的夹角，这就使得土星在公转时会面临这样的时刻，即位于它的公转轨道某一条直径上的两个遥遥相对的端点。这时，土星的光环既朝向地球，也朝向太阳，如图65所示。并且，在与这两个端点成90°的另外两个点上，土星的光环会把它最宽的部分朝向太阳和地球，这个现象就被称为土星光环的“展露”。

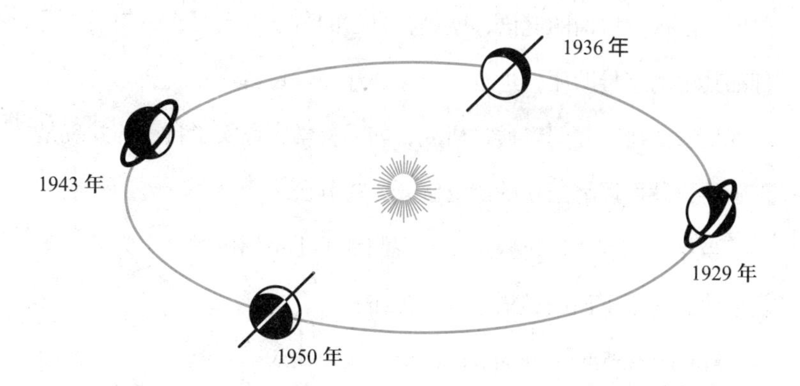

图65　土星公转一周的29年里土星光环和太阳的相对位置

天文学中的谜语

土星光环的“消失”，在当年不仅让许多普通人感到无法理解，就连当时的大天文学家伽利略也因此感到困惑。他明明十分真切地观测到了这个光环的存在，却又无法理解它为何会突然消失。非常可惜的是，尽管他进行了大量的实验和研究，最终也未能发现这个问题的正确答案。不过，他为人们留下了一些十分具有价值的东西，这其中的故事非常有趣。在当时，天文学家们都有这样一个习惯：为了不让人们知道自己的研究所得，他们会利用谜语的方式，将他们的发现公布出来，这样就避免了其他学者会捷足先登。而当一位天文学家获得了一些具有独创性的发现时，即便它依然需要进一步研究，也可以利用谜语将这个发现妥善保存，以保护它的独创性。这种所谓的谜语，就是将自己的科学发现写成一句话，再打乱其中的字母顺序，进行公布。这样，这位科学家就会为自己争取到足够的研究时间。通过研究，如果科学家证实了自己的发现是正确的，就可以将当初的谜语解开，将其公之于众。

当年，伽利略通过望远镜，观测到了土星周围的这个光环。于是，他编写了下面的谜语，将它公布：

Smaismermilmepoetalevmibuneunagttaviras

这样的一串字母既冗长又混杂，不会有人能够知晓其中的含义。不过，如果有人愿意花时间对此进行专门的研究，也会发现其中的一些规律。这个谜语由39个字母组成，我们通过计算，可以算出以下排列方式：

$$\frac{39!}{3!5!5!4!5!2!2!3!2!2!2!}$$

再次计算，式子会变成：

$$\frac{39!}{2^{19}\times3^{6}\times5^{3}}$$

它的结果是一个36位数。如果我们把它变成秒数，再转换成年，也是个8位数。也就是说，如果我们想要解开这个谜语，至少要花上千万年的时间。从而我们可以看出，伽利略为这个发现设计了相当严密的保护措施。

然而，和伽利略处于同时代的另一位伟大的物理学家——意大利人开普勒，真的利用了大量的时间来破解这个谜语。他所得到的结果如下：

Salve，umbestineum geminata Martia proles.

翻译过来就是："向双子致敬，由火星所生。"开普勒认为，伽利略发现了火星的两颗卫星，然而他并不确定。有趣的是，火星真的存在着两颗卫星，但它们直到250年之后才被人们观测到，并最终确认下来。实际上，开普勒并未正确地解读伽利略的谜语。这则谜语的正确解释是这样的：

Altissimam planetam tergeminum observavi.

翻译过来是："我曾看到三颗最高的行星。"这句话的意思是，伽利略曾经发现在土星周围环绕着两个物体，与土星本身形成了三个类似于行星的东西。但他并不知道它们到底是什么。后来，他又发现这两个物体消失不见了。伽利略更加不解，他以为自己当时看花了眼，那两个物体实际上并不存在。

五十多年后，科学家惠更斯发现了土星的光环。他像伽利略一样，也设计了一个谜语将其公布：

Aaaaaaacccccdeeeeeghiiiiiiillllmmnnnnnnnnn

oooopp qrrstttttuuuuu

过了三年，他验证了自己的发现是正确的，于是将这个谜语解开。它的含义是：

Annulo cingitur,tenui,piano,nusquam cohaerente,ad eclipticam inclinato.

翻译过来是："一道又薄又平的圆环围绕着土星。它不接触于任何天体，只斜交于黄道带。"

比海王星还要遥远的行星

我曾在自己之前出版的作品中提到过：在我们身处的太阳系中，海王星是距离我们最远的行星，它和太阳之间的距离是地球到太阳距离的30倍。然而随着科技水平的提高，人们又有了新的发现。在1930年，科学家们发现了比海王星还要遥远的行星在绕着太阳进行公转，并将其命名为冥王星，将其视为太阳系的新成员。因此，我必须推翻自己之前的结论。

这一发现其实并不使我们惊讶。很久之前，科学家们就相信，一定还存在着比海王星距离太阳更远的行星。在一百多年前，人们还以为发现天王星就是发现了太阳系的尽头。但英国数学家亚当斯和法国天文学家勒维耶通过数学计算，得出了以下结论：在比天王星遥远的地方，一定还有其他行星存在。不久之后，人们就验证了这个观点，并且发现这颗行星用肉眼就可以看到。这就是海王星的来历。

然而，海王星的存在，并不能解释天王星的不规则运动。所以在当时，有人提出了一个相当大胆的猜测：在太阳系中，还存在着比海王星更遥远的行星。于是，数学家们开始利用研究进行检验，并提出了许多种验证方法。他们对于这颗行星距离太阳的位置众说纷纭，谁也不能完全确定它的质量。

科学技术的进步，让人们发明了倍数更高的望远镜。1930年，年轻的天文学家汤博终于观测到了这个太阳系的新成员：一颗日后被命名为冥王星的行星。

冥王星的运行轨道，在之前曾被人们发现过。然而有人认为，那条轨道只是数学家们推算出来的一条轨道，冥王星只是恰好在这条轨道上运行罢了。

我们对于冥王星知之甚少，其中一个原因就是它距离我们实在太远了。太阳的光线几乎完全照射不到它。所以，即使我们用上现阶段最为先进的工具，也不能准确地测出它的具体直径。我们只能估算出它的直径约为5900公里，是地球的0.47倍。

冥王星的公转轨道十分狭窄，偏心率只有0.25。和其他行星一样，冥王星也围绕太阳进行公转。它与太阳的距离，是地球和太阳之间距离的40倍，它围绕太阳公转一圈的时间是250年，其公转轨道与地球公转轨道的夹角为17°。能够照射到冥王星上的太阳光线非常暗，亮度只有地球上的1/1600。所以，冥王星看上去就像是一个有着45″角度的小型圆盘，与我们看到的木星差不多大。于是，一个有趣的问题便出现了：冥王星天空中的太阳，和地球天空中的满月相比，哪一个更加明亮？

实际上，冥王星虽然距离我们如此遥远，但也不像我们想象的那样阴暗。地球天空中的太阳，比满月要明亮44万倍。依照前文所说，冥王星上的阳光强度只有地球上的1/1600，那么冥王星上的阳光强度，是地球上空满月亮度的275倍（以44万除以1600即可得出）。于是，如果冥王星上的天空和地球上的天空一样清晰，那么我们站在冥王星上，就会如同被275个满月照亮一般，即使是圣彼得堡最明亮的黑夜，也只有这个亮度的1/30。因此，冥王星上的天空，并不如我们所想象的那样黑暗。

什么是小行星？

太阳系中并非只有八颗行星。只不过相比其他的行星而言，它们的体积要大一些。所以，人们的目光也更多地集中在它们身上。

除此之外，一些小行星也在围绕着太阳进行公转运动。例如谷神星，就是一颗围绕太阳公转的小行星，它的直径约有770公里，在小行星中算是比较大的了，但与月球相比还是很小。用它和月球做比较，就类似于用月球和地球进行比较一般。

科学家早在1801年1月1日就发现了这颗小行星。在整个19世纪，在木星和火星之间，人们一共发现了400多颗小行星。不过，当时的人们以为它们只在木星和火星之间移动。

后来，人们在木星和火星轨道之外也发现了不少小行星，比如在1898年发现的爱神星。在1920年，人们又发现了希达尔戈星，这颗小行星的命名，是为了纪念在墨西哥革命战争中壮烈牺牲的勇士希达尔戈。这颗小行星靠近土星进行运动，其运行轨道与地球公转轨道形成了43°的夹角，在当时被认为是运行轨道最扁的行星（偏心率只有0.66）。

1936年，科学家们又发现了阿多尼斯星，它运行轨道的偏心率是0.78。也就是说，比起希达尔戈星，阿多尼斯星的运行轨道更扁，运动的范围更广，这个范围的一端靠近水星，另一端则远离太阳。

在如何记录小行星上，科学家们有着非常丰富的创意。他们通常会记录下这颗小行星被发现时的年份，不过并不采用12个月的方法来计算，而是24个半月。每半个月，都会用一个不同的字母来加以表示。

如果在同一个半月中发现了多颗小行星，他们就会在这个字母后再加一个字母，以作区别。如果24个字母还不能够满足他们的需要，科学家们就会再从字母A开始，在这个字母上再加一个符号作为标记。例如1932EÀ，就代表这是一颗在1932年3月上半月发现的第25颗小行星。

科学的发展，让人们发现了越来越多的小行星。不过，宇宙的浩瀚无垠，意味着还有许多小行星在等待我们探寻和发现。

小行星的体积尽管大小不一，但总体上都不会太大。在目前发现的小行星中，直径在100公里的有70多颗，在20 ~ 40公里的则为数不少，还有一些小行星的直径，只有2 ~ 3公里。因此，前文提到的谷神星是一颗相当大的小行星。此外，智神星的体积也不小，直径达到了490公里。据估计，目前发现的小行星数量，还不到全部小行星的5%，不过，就算加上那些还未被发现的小行星，它们的总质量也不会超过地球的1/1600。

俄国天文学家格里·尼明在小行星领域颇有研究，他曾经说："每颗小行星之间，不但体积有大有小，它们的物理属性也是千差万别。在每颗小行星表面，都分布着互不相同的物质，所以它们反射太阳光线的能力也互不相同。例如谷神星和智神星，它们反射阳光的能力类似于地球上的黑色岩石，而婚神星却很像浅色的岩层，灶神星则相似于皑皑白雪。"

有些小行星发出的光芒存在波动。这意味着它们自身可能也在自转，并且形状可能并不规则。

阿多尼斯星

前文中提到过一颗名叫阿多尼斯的小行星。它的运行轨道非常扁，和彗星的运行轨道相似。除了这一点之外，阿多尼斯星的一个重要特点，便是它是距离地球最近的一颗小行星。在人们观测到它的那一年，它和地球之间的距离是150万公里。虽然月球与地球相距更近，但月球毕竟只是地球的卫星。因此，我们就可以认为阿多尼斯星是距地球最近的小行星。

除了阿多尼斯星，阿波罗星和地球之间也相隔不远。并且，阿波罗星是迄今为止人类发现的最小的一颗小行星。科学家观测到它的时候，它和地球之间的距离是300万公里。而火星距离地球最近的时候，间隔达到了5600万公里，金星则距离地球4200万公里。然而，阿波罗星距离金星最近的时候，只有20万公里。

天文学中，经常用“万公里”这样的单位来表示天体之间的距离，在我们看来，这个单位非常之大，然而在天文学中，这个距离非常小。例如，一颗以花岗岩为主要材质的小行星，其体积为52000万立方米。那么，它的质量就是15亿吨，这相当于300座金字塔的总体质量。因此，天文学意义上的距离和质量概念，我们是不能以日常生活中的概念加以考量的。

木星的伙伴："特洛伊英雄"星

在我们业已发现的全部小行星中，有一组小行星的命名非常有趣。它们全部以古希腊神话中特洛伊战争的英雄命名，例如阿喀琉斯、帕特罗克洛斯、赫克托耳、涅斯托耳、阿伽门农等等。此外，这些小行星的一大特点，就是它们与木星和太阳恰好组成了等边三角形。故此，天文学家们经常称这些小行星为木星的伴星。它们不论怎么运动，其位置都位于木星前后60°的地方。

这些小行星在运动时，绝不会偏离它们的轨道。即使偶有偏离，也会被木星的强大引力吸引回来。所以，它们与木星、太阳之间形成的等边三角形，具有很高的稳定性。

在这些小行星还没有被发现之前，法国著名的数学家拉格朗日曾经指出，天体彼此之间具有稳定性，不过，他并不相信宇宙中存在着这样的天体。后来，人们发现了宇宙中的这些小行星，由此证明拉格朗日的观点既有正确的部分，也有错误的部分。所以，我们对众多小行星的研究，会促进天文学的整体发展。

旅行于太阳系中

在以上内容中，同学们了解了有关地球和月球的许多知识。现在，让我们将眼界再次放宽，看一看太阳系中的其他天体，观察它们具有什么样的特点。

我们先来观察一下金星。实际上，它和地球以及太阳的距离都非常近。如果金星上裹着一层透明的大气层，那我们站在金星上，用肉眼就可以看见太阳和地球。并且在金星上看到的太阳，要比在地球上看到的大一倍，如图66所示。而此时的地球，则变成了一颗异常明亮的行星。

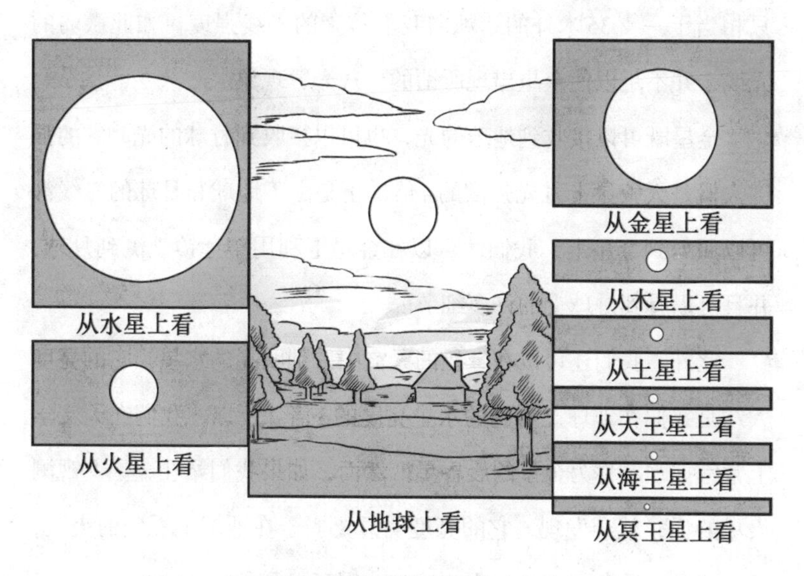

图66　从地球和其他行星上看见的太阳大小对比图

我们在地球上也可以看到金星，不过，由于金星的公转运行轨道处于地球系统内部，所以当金星运行至近地点时，我们看不见它。只有当它与地球相隔一定的距离时，我们才可以看见金星，并且此时的金星既不圆满，也不完全明亮。然而，站在金星上看到的地球却既完整又明亮，就像在地球上看到火星大冲一样。并且，地球此时的亮度，相当于在地球上看到的金星最大亮度的6倍。

需要说明的一点是，这个数值是基于假设金星的外层大气完全透明下的情况。然而在实际情况中，金星的周围总是会出现一种名为“灰光”的现象。曾经，科学家们普遍认为这是由于地球的照耀，然而实际上，金星所能接收到的地球光线非常微弱。其强度，只相当于一支35米外的蜡烛向我们传来的光线强度。如此微弱的光线，并不足以使金星出现所谓的“灰光”现象。

金星既可以接收到地球的光，也可以接收到月球的光，它的强度大概是天狼星上月光强度的4倍。正是由于地球和月球的光线都可以照射到金星上，我们才可以在金星上利用望远镜观测到月球，并且可以看到月球上的许多细节。

此外，我们还可以在金星的天空中看到明亮的水星，它的亮度大约是我们在地球上看到的水星亮度的3倍。所以，我们在天文学上常常把水星称为金星的晨昏星。然而，如果我们站在金星上观测火星的话，就会发现，它的亮度明显要弱于在地球上看到的火星，其亮度只有后者的40%，看上去比木星还要黯淡。

虽然每一颗行星都位于不同的位置，但是它们的轮廓大都相同。我们不论站在哪一颗行星上进行观测，所看到的星系图案都大致一样，因为这些行星距离我们实在是太遥远了。

现在让我们告别金星，去水星上看一看。在水星这个奇异的星球上，既没有大气层，也没有白昼和黑夜。在水星的天空中，太阳总是像个圆盘一样高高悬挂，地球则比在金星上看上去要明亮一倍，然而最为美丽的还是金星，它在水星上显得更加明亮，甚至都有些刺眼。

我们再来看看火星。在火星上，我们也可以观测到太阳和地球，不过，在这里看到的太阳，只有在地球上看到的一半大小。在火星上观测到的地球，其面积也只相当于地球总面积的3/4，而亮度则类似于在地球上观测到的木星。月球倒是显得异常明亮。如果我们在火星上用望远镜进行观测，可以明显地看到月球的相位变化。

提到火星，就不能不说它的卫星。福波斯星是其中最为著名的一个，它的直径不超过15公里，因为距离火星十分接近，所以看上去非常明亮。在比福波斯星更为遥远的一些火星卫星上，还可以看到一颗相位不停地发生变化的行星。这就是火星，它的视角大约有41″。其相位变化的速度可以达到月球的几千倍，甚至更快。这样的情景，我们只能在木星的卫星上才可以看到。

我们接下来去看太阳系中最大的行星——木星。在木星上观测到的太阳，其体积大致相当于地球上的1/25，所能接收到的太阳光线，强度也相当于地球上的1/25。木星上的白昼十分短暂，差不多只有5个小时，剩下的时间都是漫长的黑夜。在木星的夜空中，我们很难发现那些平时十分熟悉的行星，因为它们的形状都发生了巨大的变化，所以，我们并不能确定自己是否真的看到了它们。比如，此时的水星完全被太阳光线遮住了；而金星与地球，都随着太阳一起从西边落下，因此我们只能在黄昏时依稀看到它们的影子；

火星也是缥缥缈缈，若隐若现。能够看到的最明亮的星星，或许只有天狼星和土星了。

木星的天空中，最为著名的也是它的卫星，它们将木星的天空映照得异常明亮。具体来说，木卫Ⅰ和木卫Ⅱ的亮度相当于在地球上观测到的金星，木卫Ⅲ的亮度相当于在金星上看到的地球亮度的两倍，而木卫Ⅳ和Ⅴ则比天狼星还要亮得多。在体积方面，这些卫星也是大得惊人。前四颗卫星的视半径比太阳还要大，不过它们在运行过程中，前三颗卫星会被木星的阴影挡住，所以我们不能一直观测到它们，自然也就无法看到它们的整个相位变化。在木星上偶尔也可以观测到日全食，只是观测带十分狭窄。

除此之外，木星上的大气也不如地球的大气层那般清澈。它既厚实又稠密，甚至可以称得上有些浑浊。这样的条件，有时会带来一些特殊的光学现象。在地球上，由于光的折射现象，我们所看到的天体的位置，都要比实际情况高（见图15）。而在木星上，光线的折射更为厉害，所以木星表面的光线会发生极为严重的偏折。它们有些根本就不会射向大气，而是直接折回木星，从而引发一些奇特的景观，如图67所示。

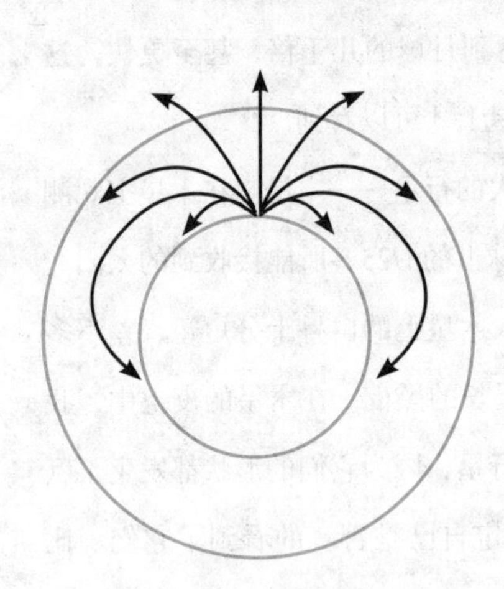

图67　木星的大气中光线折射示意图

在木星的半夜，无论我们站在什么位置，都可以在夜空中看见太阳。我们就好像站在一只大碗的底部，而整个木星的表面几乎都在这只碗里，而碗口直对着天空，太阳便总是在天上出现。不得不说，这种现象十分神奇。然而这只是天文学家们分析出来的结果，至于是否属实，还需要进一步考证。

如图68所示，是在木星的卫星上观测到的景象。而在距离木星更近一些的卫星上，我们看到的景象会有所不同。例如，在距离木星最近的木卫Ⅴ上，我们看到的木星的视直径大致相等于月球的90倍，而亮度却只能达到太阳的1/7或1/6。当它下面的边缘接触到地平线的时候，它的上半部分还显现在空中；当它完全沉入地平线之下时，其圆面积还相当于整个地平圈的1/8。当木星进行旋转时，卫星会成为一个个小黑点投射在木星上，这虽然对木星的影响不大，却也使得它看上去更暗了一些。

图68　从木星的卫星上见到的木星景象

我们再来看下一颗行星——土星，来研究站在土星上，可以看到什么样子的土星光环。值得注意的是，我们并不是在土星上的任何位置都可以看到光环。如果我们身处土星的南北纬64°到南北极之间的位置，就无法看见光环。如图69所示，如果我们站在土星南北极的边缘，就只能看到这个光环的外缘。只有在南北纬度64°到35°之间的位置，我们才可以看到光环。而在纬度35°的地方，这个光环会显得最为清晰，也最为明亮，视角也会达到最大的12°。经过这个地方之后，光环又会变得狭窄而模糊。如果站在土星的赤道位置，我们就只能看到光环如同一条长带一样的侧面。

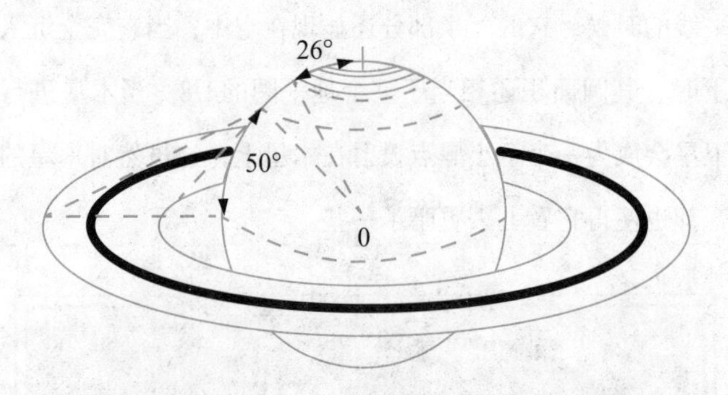

图69　在土星表面的不同点看土星光环，所见景象各有不同

另外，土星的光环只有一面会被太阳照射到，照射不到的另外一面就处于阴影之中。所以，只有当我们站在土星被照亮的那一面的时候，才可以见到耀眼的光环。每过半年，土星被太阳照射的位置就会轮换一次，也就是说，如果我们在上半年看到了光环，那么在下半年的时候，它就会变为黑暗。而且，光环只有在白昼时才可

以看到，一到了黑夜，它只会出现几个小时，之后便沉没于深深的黑暗中。此外，土星的一大特点是，我们在地球上几乎看不到它的赤道，因为它的赤道都被光环的阴影遮挡住了。

不过，假如我们站在距离木星最近的一颗卫星上，就可以看到非常奇异的天色。最美的景象，就是当土星的光环呈现出月牙形状的时候。这时候，这个月牙形的中间会出现一条狭长的带子，这便是光环的侧面部分。而同样呈现出月牙形状的卫星，则成群结队地环绕在这条带子的周围。这真是绝妙的景色！

在以上文字中，我们介绍了太阳系中的重要行星。下面，我们来对比一下这些行星在别的行星上所观测到的亮度，并将它们由大到小进行排列。

序号	行星
1	水星上看到的金星
2	金星上看到的地球
3	水星上看到的地球
4	地球上看到的金星
5	火星上看到的金星
6	火星上看到的木星
7	地球上看到的火星
8	金星上看到的水星
9	火星上看到的地球
10	地球上看到的木星
11	金星上看到的木星
12	水星上看到的木星
13	木星上看到的土星

其中，4、7和10这三项我们较为熟悉。同学们可以以这三项为标准，来考量其他行星的亮度。从这个对比中，我们可以看出，地球在太阳系的所有行星中，算得上是比较明亮的。

最后，以地球为基准，我们再列出一些太阳系中的其他数值，以便同学们在今后的学习中参考。

太阳：直径1390600公里；体积1301200；质量333434；密度1.41。

月球：直径3473公里；体积0.0203；质量0.0123；密度3.34；与地球之间的平均距离为384400公里。

行星的大小、质量、密度、卫星数量等一览表

行星	平均直径			体积（地球=1）	质量（地球=1）	密度		卫星数量
	视直径	实际直径				地球=1	水=1	
	秒	公里	地球=1					
水星	13 ~ 4.7	4700	0.37	0.05	0.054	1.00	5.5	—
金星	64 ~ 10	12400	0.97	0.90	0.814	0.92	5.1	—
地球	—	12757	1	1.00	1.000	1	5.52	1
火星	25 ~ 3.5	6600	0.52	0.14	0.107	0.74	4.1	2
木星	50 ~ 30.5	142000	11.2	1295	318.4	0.24	1.35	12
土星	20.5 ~ 15	120000	9.5	745	95.2	0.13	0.71	9
天王星	4.2 ~ 3.4	51000	4.0	63	14.6	0.23	1.30	5
海王星	2.4 ~ 2.2	55000	4.3	78	17.3	0.22	1.20	2

行星到太阳的距离、公转周期、自转周期、引力等一览表

行星	平均半径		轨道偏心率	公转周期（年）	轨道上的平均速度（公里/秒）	自转周期	赤道与轨道平面的倾斜度	引力（地球=1）
	天文单位	百万公里						
水星	0.387	57.9	0.21	0.24	47.8	88天	5.5	0.26
金星	0.723	108.1	0.007	0.62	35	30天	5.1	0.90
地球	1.000	149.5	0.017	1	29.76	23小时56分	5.52	1
火星	1.524	227.8	0.093	1.88	24	24小时37分	4.1	0.37
木星	5.203	777.8	0.048	11.86	13	9小时55分	1.35	2.64
土星	9.539	1426.1	0.056	29.46	9.6	10小时14分	0.71	1.13
天王星	19.191	2869.1	0.047	84.02	6.8	10小时48分	1.30	0.84
海王星	30.071	4495.7	0.009	164.8	5.4	15小时48分	1.20	1.14

如图70所示，我们绘制了这些天体在望远镜中被放大100倍之后的样子。

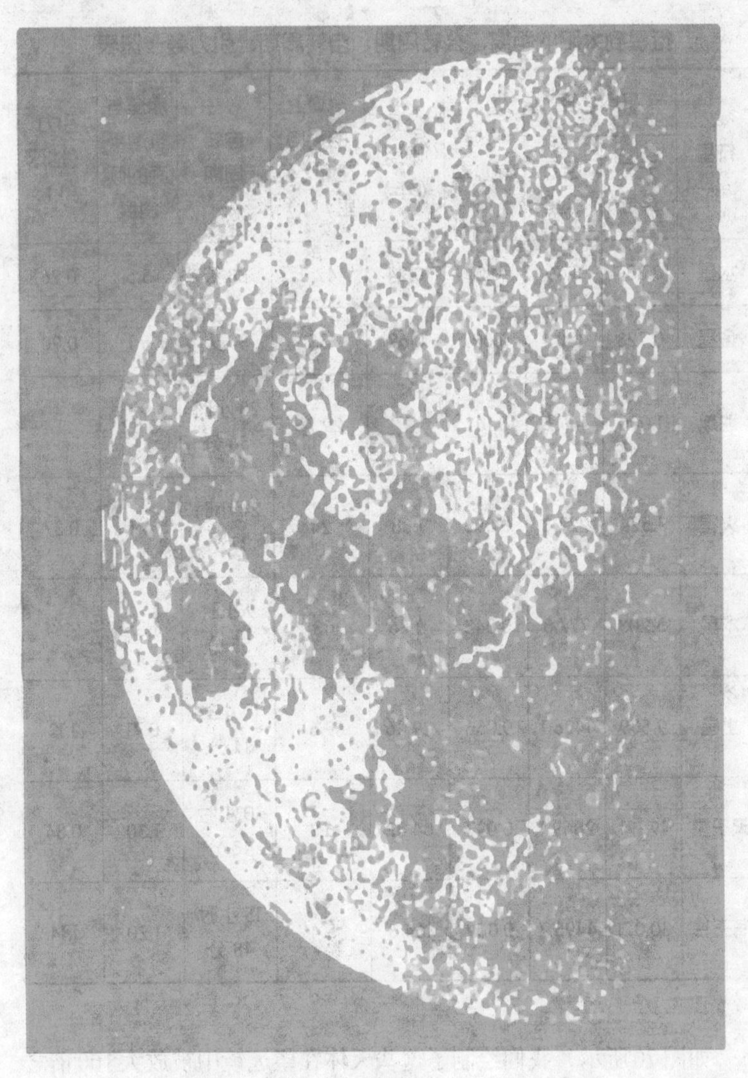

（a）

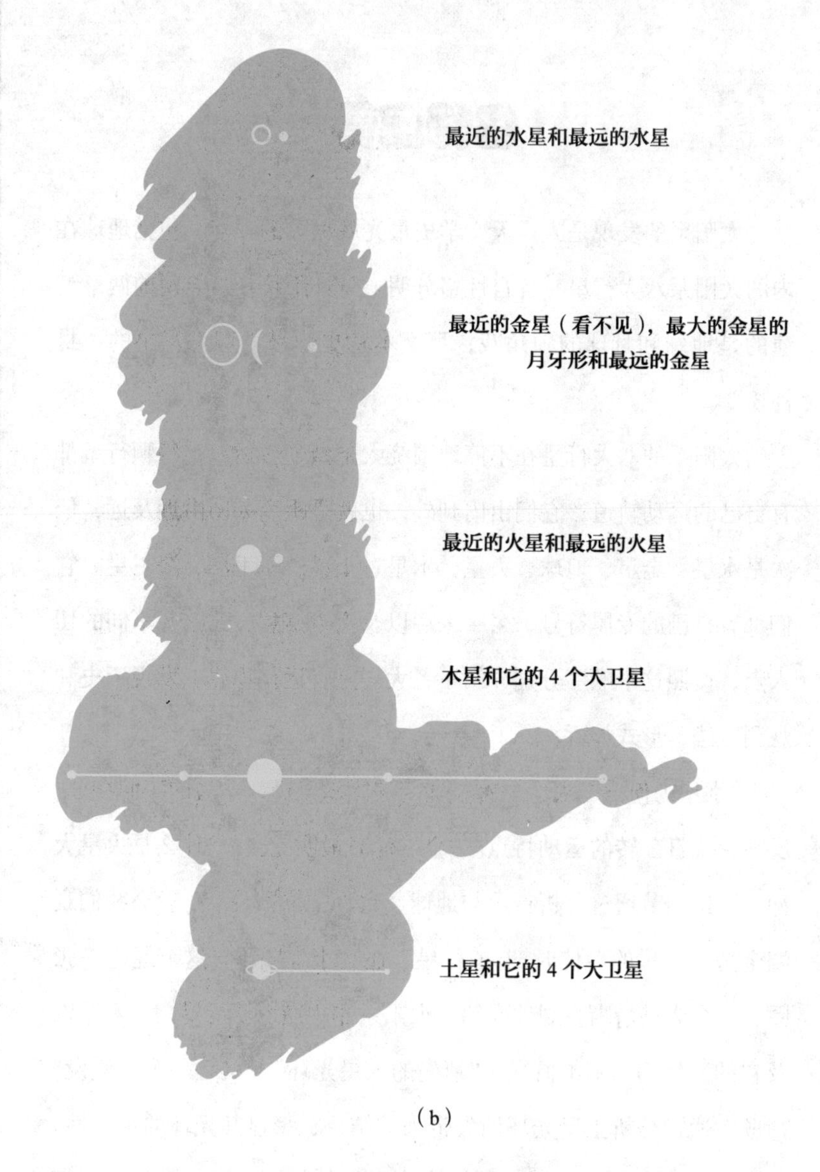

（b）

图 70　用望远镜放大了 100 倍的月球、水星、金星、火星、木星、土星及相关卫星图

名师点评

太阳系的发现是人类天文学史最光辉灿烂的一页，包括地球在内的太阳系八大行星，各自性格分明、身怀绝技。如果说前两章上演的是地球和月球的独角戏，那么本章更像是太阳系行星的“封神榜”。

太阳系的八大行星在不停地围绕太阳做公转运动，每颗行星都有自己的运动轨道，它们由内到外，也就是距离太阳由近及远，依次是水星、金星、地球、火星、木星、土星、天王星、海王星。它们都有自己的专属符号、名字来源以及引申寓意，本章以不同的切入点，按照这个顺序分别介绍了各大行星的运行规律、发现历史和观测方法，形式如下：

“水星为何没有大气层？”通过揭露水星极端恶劣的表面特征，反映它绕日公转的运动特点。“金星何时最明亮？”“什么是火星大冲？”这两节通过分析行星与地球、太阳的位置关系，教会我们观测金星、火星的最佳时期。“行星，还是小太阳？”这节通过一张图、一个表格清晰直观地介绍了太阳系体积最大的行星——木星以及它的卫星们的基本概况。“消失的土星光环”，又是一个“假设”命题，通过分析土星光环消失带来的结果，彰显其光环的重要性。“比海王星还要遥远的行星”，实际上指的是冥王星，由于它距离太阳过远、运行轨道极为特殊，国际天文学会将它“开除”行星之列，降为“矮行星”，我们可以跟随作者去了解一下它的血泪史。

除了八大行星，太阳系中还存在许多古灵精怪的小行星，它们体积较小，数量奇多，主要位于火星和木星之间，形成了著名的小行星带。本章用了一定的篇幅向我们讲述了小行星带的发现历程，同时也重点介绍了几颗小行星中的佼佼者。

在本章的最后，“旅行于太阳系中”一节向我们讲述了大行星彼此之间的联系。如果说前面几节讲述的是“英雄列传”，那么本节讲述的就是“团队合作”。倘若我们能够站在一定“高度”俯视太阳系，那么各大行星的差别以及互相作用便一目了然，让我们跟随作者完成这次太阳系之旅吧。

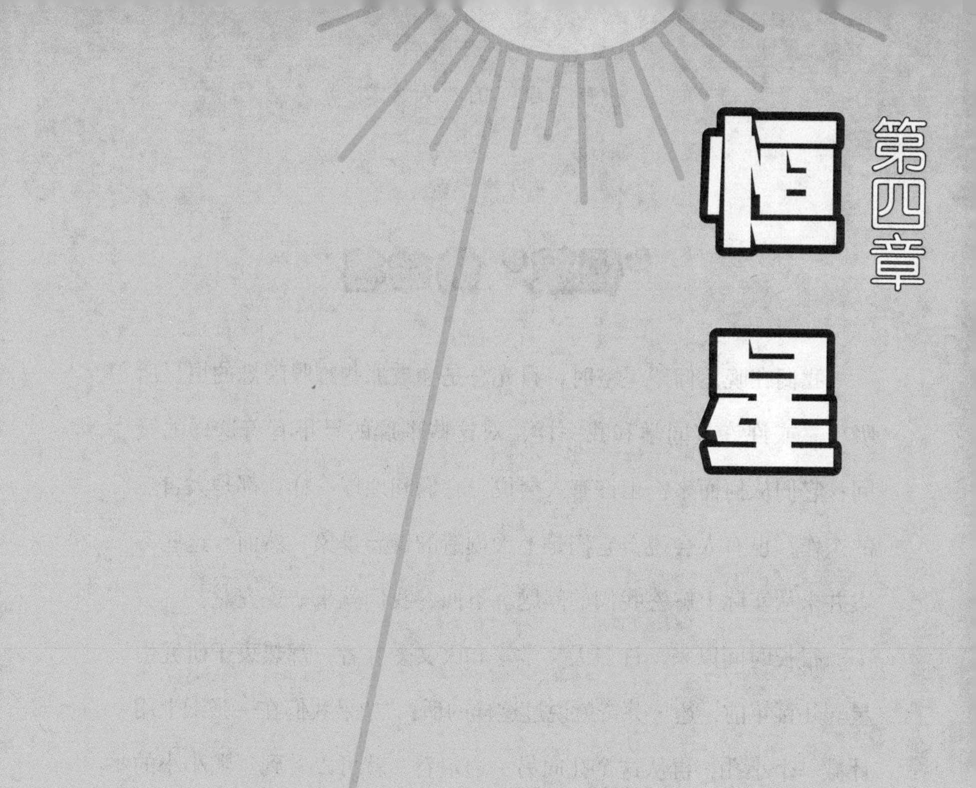

第四章 恒星

第四章

“恒星”的命名

我们在晚上仰望星空时，目光总是会被那些耀眼闪烁的恒星所吸引。或许许多同学和我一样，对这些璀璨的星星有着这样的疑问：它们从何而来？也许有人会说，它们和地球一样，都是大自然的杰作；也有人会说，它们是上天创造的奇异景象。然而，这些答案并未从实际上解答我们的问题。下面，我们就来一探究竟。

很长时间以来，许多天文学家和天文爱好者，都热衷于研究恒星。几百年前，达·芬奇就说过这样的话：“如果我们在一张纸上用针戳一个小孔，再从这个孔向另一边观看，就可以看到一颗小小的星星。这时你会发现，这颗星星并没有发光。”这句话从客观的角度确认了恒星的存在。然而，我们并不知道它们是如何诞生的。

我们常常说自己见到了光，然而那根本不是光。如果同学们懂得物理学，就会知道我们看见的并不是真正的光，而只是一些被光照亮的灰尘或者微粒。在无垠的宇宙内，恒星无时无刻不在散发光芒，然而我们无法看见那一片发光的空间。实际上，我们也根本看不清笼罩在恒星周围的那一团大气，即使其中充满了灰尘。那么，我们为何可以在晚上看到恒星呢？

若想解决这个问题，就需要先了解一下我们自身的一些特点。事实上，我们的双眼在这里起到了极为关键的作用。医学已经证明，我们的眼睛并非完全透明，甚至还不如一块玻璃透镜的构造那么均匀，它们只是一种纤维组织。亥姆霍兹在一篇名为《视觉理论之成就》的演讲中，曾有这样的说法：

“在双眼中所成的光点的像，其实并不是真正的光，这是由于眼球内部的纤维结构具有非常特别的排列方式。在一般情况下，它们会沿着六个方向呈辐射状排列，就好像从一个光点——例如恒星或是一盏远处的烛灯——所照射出的光线，这不过是眼球内部辐射构造的表现罢了。这种在眼球内部存在的构造缺陷，为我们造成了这种错觉。这种现象非常普遍，因此，我们常把由中心向外辐射的图形称作‘星形’。”

总之，同学们一定要明白，我们所见到的恒星[1]，并没有真正地发光。恒星的璀璨光辉，完全是由我们的双眼所制造出来的。

在前文中，达·芬奇提到了一个十分有趣的现象，亥姆霍兹也在他的理论中对此进行了解释。如果我们从一个极小的小孔内观测星星，就会觉得有一束光线射入了眼睛，并进入了眼睛的中心位置。而这时，眼球那呈辐射形的构造就不再发挥作用，我们便只能看到那一束直直的光线。也就是说，恒星自己的光芒消失了，我们只能看到一些极小的光点。如果我们没有望远镜，就可以利用这种方法，来观测远方那些不发光的星星。

所以，如果有人再问起恒星是如何诞生的，我们就可以非常自

[1] 所谓的“恒星在发光”，仿佛是从星星向我们照射出来的光线，其实是由我们的睫毛的衍射作用所引起的。

豪地说：“我们自己就是创造者。”由于我们的眼球具有这样特殊的构造，我们才可以看到如此灿烂的夜空。我们应该感谢眼球的这一构造缺陷，如果没有它，我们就只能看到一束细微的光线，而无法看到光芒四射的群星了。

为何只有恒星会眨眼？

在许多小朋友的眼中，星星就像一群顽皮的孩子，在不停地眨着眼睛。由此可见，星星会不停地眨眼，是我们对它们的一大印象。在我很小很小的时候，就和朋友们一起在夜晚跑去看星星，就是想看看它们究竟是如何眨眼的。实际上，这并不是小孩子才会有的行为：许多著名的天文学家，也曾长时间地仰望星空，去观察恒星眨眼的情景。弗拉马里翁曾经说过：“星星发出的光忽明忽暗，颜色则忽而变白，忽而又变成绿色或红色。它们就像闪耀夺目的钻石，装点了无尽的夜空，使其灵动得仿佛在用无数眼睛观察着我们的地球。”

那么，星星究竟为何会眨眼呢？这个问题经常被小孩子们提出，但他们也只是随意地一问而已，并不会继续深入地将其研究下去。然而在天文学家看来，这是一个十分值得研究的问题，并且，他们对这种“眨眼”的速度、颜色的变化等问题，都进行了深入的研究。

星光需要通过一段相当长的距离才会映入我们眼中，而大气层则是它们必须穿过的一条道路。地球周围的大气层，每一层都有着不同的密度和温度，因此，这些星光穿过大气层的时候，就仿佛穿过了许多三棱镜、凸透镜或凹透镜一般。经过它们的折射，星光就会变得时聚时散，也会发生不同程度的明暗变化。大气层的不稳定，就是星星闪烁的原因。如果大气层是稳定的，那么星光也会是稳定的，我们的双眼也就看不到星星的闪烁了。此外，不同的星星也具有不同的闪烁幅度。通常而言，白色星星的闪烁幅度比黄色或者红色的星星要大一些，而地平线附近的星星，则会比悬在天空中的星星更为闪烁。

只有恒星才会眨眼，行星是不会眨眼的。这是因为和恒星相比，行星与我们较为接近，这就使得它们散发的光芒看上去不是一个点，而是很多个闪烁的点，它们组成了一个圆形的平面。它们的闪烁幅度虽然各不相同，但彼此之间会互补和融合，因此这个圆形看上去会非常稳定，不会发生任何变化。

至于星星会发生颜色上的改变，是因为星光在穿过大气层时，不但会遇到各种偏折，还有可能出现色散的现象。所以，我们不仅可以看到它们在闪烁，还可以看到它们在不停地变换颜色。星星距离地平线越近，颜色的变化就越明显。特别是在遇到风雨天气之后，这时空气的质量会变得更好，星光的闪烁也会变得更有力，也就会呈现出更为明显的颜色变化。

还有一个问题：星星要过多长时间才会变换颜色？科学家们发

现，这其中并无什么显然的规律，主要还是依赖于观测的条件。有的星星每秒钟可能会变换几十次，而有的星星则会达到每秒钟一百次以上。不过，我们依然可以通过一个方法进行简单的计算：我们先选择一颗十分明亮的星星，并使用双筒望远镜对其进行观测，在观测过程中不断地快速旋转望远镜的物镜。这时，我们观测到的就不再是一颗星星，而是一个由不同颜色的星星所组成的光环。如果星星闪烁的速度很慢，而我们又很快地旋转物镜的话，这个光环就会分裂成不同颜色、不同长短的弧线。这样，我们便可以计算出这颗星星改变颜色的大致速度了。

在白天能看到恒星吗？

我们在白天可以看到行星，那么，是不是也可以看到恒星？历史上，有不少人都针对这个问题进行过研究。他们得出了这样一个普遍的结论：如果想在白天看到恒星，就要站在一个深井、矿坑或是很高的烟囱的底部。听说许多名人都相信这样的说法，也有很多人都觉得这种说法是真实的，然而到底能不能在这样的地方看到恒星，并没有人能够证实。

美国的一本杂志上刊登过一篇文章，驳斥了以上的这种说法。作者的观点是，在很深的地方能够看到恒星的说法只是一个笑话，并无任何科学依据。很有意思的是，这篇文章刊登后不久，杂志社就收到了一位农场主的来信。在信中，这位农场主坚定地表示：一个白天，他曾在一个20米深的地窖里观测到了五车二和大陵五这两颗恒星。后来，人们对这封信中的内容进行了详细的研究，结果表明，这位农场主的话并不是事实。根据他所在的纬度和当时的季节来看，他所提到的这两颗恒星，在当时根本没有出现在天顶。尽管这只是一场恶作剧，但针对这个问题的研究和讨论并没有停止。

通过研究，人们已经知道：即使是深坑、矿洞和很深的地窖，也无法让我们在白天看到恒星。那么，我们为何不能在白天观测到它们呢？这依旧与地球的大气层有关。空气中，微粒漫射的太阳光线要强于恒星发出的光线，所以我们根本无法看到恒星。就算是跑到很深的地方，也无法改变太阳光的强度要远远大于恒星光线的现实。

我们可以利用一个实验，来帮助同学们更好地理解这个问题。

这个实验需要一个硬纸盒、一盏灯、一根针、一张白纸。我们先用针在硬纸盒的侧壁上扎几个小孔，再把白纸糊在纸盒侧壁的外面。我们把灯放在这个纸盒的里面，将其点亮，再把这个纸盒放在一间黑暗的房间里。这时，我们就可以在纸盒侧壁的那些小孔上看到这盏灯散发出的光点，它们就像夜晚的星星一样，照在了白纸上。我们再把房间的灯打开，便会发现，虽然纸盒里的灯依然亮着，但是侧壁上的光点却消失了。这其中的道理，和我们在白天看不到恒星是一样的。

随着科学技术的发展，在白天，我们可以用望远镜观测到星星。然而在很多人看来，这依然是我们在一个很深的底部去观测的结果，这种认识显然是错误的。望远镜内部装有玻璃透镜和反射镜，它们会对光线进行折射和反射。利用望远镜进行观测时，我们会觉得天空变得很暗，而恒星则显得非常明亮。所以，我们在白天也可以观测到恒星。

不得不说，这种说法让许多人感到失望。其实，一些比恒星还要亮的行星，比如金星、木星和发生大冲时的火星，我们依然可以在太阳光线较暗的情况下观测到它们。如果说可以在深处看到这些星星，还是比较合理的。比如深井的内壁会遮挡住阳光，我们就可以在里面看到离我们较近的行星，然而不是恒星。我会在后面的内容中，详细分析这种奇特的现象。

最后，同学们需要注意的是：我们在白天能够看到的那些行星，其实是半年前我们在黑夜看到的星星。而再过半年，它们就会重新出现在夜空之中。

什么是“星等”？

同学们在欣赏夜空中的群星时，有没有想过将它们区分开来？如果可以区分的话，又该以什么样的标准？在很久之前，人们就对这个问题产生了浓厚的兴趣，并且研究出了根据星星的大小和亮度来划分等级的方法。这种等级，在天文学中被称为“星等”。人们通常把黄昏时分天空中最亮的星星称为“一等星”，亮度次之的称为“二等星”，一直类推到六等星。而六等星的亮度，我们刚好可以用肉眼观测到。

然而，这种区分星星的办法带有很强的主观性，无法帮助人们进行更为深入的研究。于是，天文学家们制定了一个更为严谨的标准，对星星的亮度进行了更为详尽的区别。具体来说，就是把一等星的平均亮度人为规定成六等星的100倍，如果有的星星比一等星还要明亮，就会被划分为“零等星”或者是“负等星”。

依据上述规定，科学家们推算出了恒星的亮度比率。也就是说，前一等级的星星的亮度，可以达到后一等级星星亮度的多少倍。我们不妨假设这个比率为n，则有：

一等星的亮度是二等星的n倍；

二等星的亮度是三等星的n倍；

三等星的亮度是四等星的n倍；

……

如果将其他等级的星星的亮度统一与一等星进行比较，我们就可以得知：一等星的亮度是三等星的n^2倍，一等星的亮度是四等星的n^3倍，一等星的亮度是五等星的n^4倍，一等星的亮度是六等星的n^5倍。而根据前面的规定，我们可以知道：

$$n^5=100$$

故而：

$$n=\sqrt[5]{100}\approx 2.5$$

也就是说，前一等级的星星的亮度，是后一等级星星亮度的

2.5倍。如果再精确一些的话，这个比值其实是2.512倍。

虽然一等星是天空中最亮的星星，但它并不是最亮的天体。比如，太阳要比一等星明亮得多，它的等级是“负27等星”。也就是说，负等星才是天空中最亮的天体。而这里面所谓的“负”，并不等同于数学意义上“负数”的“负”。

用代数学看星等

前文中提到了用来表示星星亮度的星等。实际上，在天文学的研究中，应用更为广泛的是一种名为“光度计”的特殊仪器。它可以测量出未知天体的亮度与已知天体之间的差别，通过一些预设的参数，将仪器中人为设定的“人工星”和真实的天体比较，就可以得出需要的数据，以便下一步的运算。

那么，我们该如何表示那些比一等星更亮的星体呢？在数轴上，数字“1”之前的数字是“0”，因此我们将那些比一等星还亮2.5倍的星星叫作“零等星”。以此类推，那些比零等星还亮的星星就称为“负等星”，例如“负1等星”“负2等星”等。

然而，也许还有一些星星的亮度没有达到一等星的2.5倍，而只有1.5倍或是2倍，这时该如何表示呢？我们不妨再次利用数轴。如果这些星星的亮度位于数字0和1之间，那么我们就可以利用小数来表示它们的星等，例如“0.9星”“0.6星”等。

负数和小数都可以用来表示星等，这便于我们进行数学上的计算。同时，它也为我们提供了一个统一的标准。利用这个方法，我们可以用数字将所有星星的等级都精确地表示出来。

下面，我们来看几个例子。例如，天空中最明亮的恒星天狼星，是一颗负1.6等星；只有南半球能够看到的老人星，它的星等为负0.9等；北半球最为明亮的恒星织女星，它的星等为0.1等；五车二星和大角星的星等都为0.2等；参宿七星是0.3等星；南河三星是0.5等星；河鼓二星是0.9等星。

在下面的这个表格中，我们列出了天空中最亮的一些星星，以及它们的星等（括号内标注的是星座的名称）。

恒星	星等	恒星	星等
天狼（大犬座α星）	−1.6	参宿四（猎户座α星）	0.9
老人（南船座α星）	−0.9	河鼓二（天鹰座α星）	0.9
南门二（半人马座α星）	0.1	十字架二（南十字座α星）	1.1
织女（天琴座α星）	0.1	毕宿五（金牛座α星）	1.1
五车二（御夫座α星）	0.2	北河三（双子座α星）	1.2
大角（牧夫座α星）	0.2	角宿一（室女座α星）	1.2
参宿七（猎户座α星）	0.3	心宿二（天蝎座α星）	1.2
南河三（小犬座α星）	0.5	北落师门（南鱼座α星）	1.3
水委一（波江座α星）	0.6	天津四（天鹅座α星）	1.3
马腹一（半人马座α星）	0.9	轩辕十四（狮子座α星）	1.3

从表格中可以看出，天空中的确存在着0.9等、1.1等之类等级的星星，然而却没有星等恰好为1的星星。所以，一等星只是一个用来判断星星亮度的标准，我们利用它来计算星等，只是为了研究便利。

接下来，我们还可以进行这样的计算：一颗一等星的亮度，究竟等于多少颗其他星等的星星亮度？下面的表格可以为我们提供答案。

一颗一等星亮度等于其他等星亮度的数量

星等	颗数
二等	2.5
三等	6.3
四等	16
五等	40
六等	100
七等	250
十等	4000
十一等	10000
十六等	1000000

除了表中列出的数字关系，对于一等星以上等级的星星，我们还可以得出相应的数字关系。例如，南河三星是一颗0.5等星，它的亮度就等于一等星的2.5的0.5次方倍，即1.6倍；老人星的星等是负0.9等星，它的亮度就等于一等星的2.5的1.9次方倍，即5.7

倍；天狼星的星等是负1.6等星，它的亮度就等于一等星的2.5的2.6次方倍，即10.8倍。

那么，对于我们肉眼可见的星星来说，它们的全部光芒之和相当于多少颗一等星的亮度呢？这是个非常有趣的问题。统计发现，后一等级的星星的数量，大致是前一等级的星星数量的3倍，而它们的亮度比为1∶2.5。在半个天球上，一等星的数量大致是10个。所以，这个问题的答案就是以下所有极数的和：

$$10+\left(10\times3\times\frac{1}{2.5}\right)+\left(10\times3^{2}\times\frac{1}{2.5^{2}}\right)+\cdots\cdots\left(10\times3^{5}\times\frac{1}{2.5^{2}}\right)$$

即：

$$\frac{10\times\left(\frac{3}{2.5}\right)-10}{\frac{3}{2.5}-1}=95$$

也就是说，在半个天球之内，我们肉眼可见的全部星星的亮度，大致相当于100颗一等星（或一颗负4等星）的亮度。

我们再来看看六等星之后的那些星星。前文提到，六等星是我们刚好可以用肉眼看到的星星，那七等星又如何呢？除非我们有超人一样的眼力，否则就只能利用望远镜来观测它们。目前，借助最大倍数的望远镜，我们可以看到等级为十六等的星星。在前面的问题中，如果我们把“肉眼可见”修改为“望远镜可见”的话，那么半个天球内所有星星的亮度，就相当于1100颗一等星（或一颗负6.6等星）的亮度。

最后需要说明的是，尽管我们为恒星的等级做出了区分，然而这只是依据我们的视觉所做出的判断，并不是依据星星本身的亮度和物理特性。有些星星可能根本就不发光，却由于离我们很近，所以看上去比较明亮。反过来也是如此，一些星星可能本身十分明亮，却因为距离我们太远，而被划分到了级别非常低的星等。对于这一点，同学们一定要特别清楚。

用望远镜观测星星

我们通常会利用望远镜来观测那些距离我们较远的星星。然而，望远镜真的能够满足我们的所有需要吗？随着科技的发展，人们对宇宙的研究越来越深入，宇宙的浩瀚无垠也不再令人望而生畏。在对宇宙的探索中，利用率最高的工具应该就是望远镜了。利用望远镜观测物体的准确度和望远镜物镜的大小成正比，也就是说，物镜越大，就越能捕捉到观测对象上的更多细节。

望远镜的原理与我们的双眼接收光线的原理是一致的，我们来做一个比较，以便研究望远镜的工作原理。我们在夜晚用肉眼看东西时，瞳仁的平均直径大约是7毫米。如果一个望远镜的物镜直径为10厘米，那么透过物镜的光线强度就会是透过瞳仁的（$100/7$）^{2}倍，即大概200倍。因为望远镜的物镜很大，所以当我们利用望远镜观测星星的时候，就会觉得它们的亮度增加了很多。

通过研究，我们发现这个特点只适用于恒星，因为恒星所发出的光芒是一个光点，而行星则不是这样。我们在观测行星时，看到的是一个圆形的平面，这就给我们的研究带来了难度：在计算行星成像的亮度时，就必须要考虑望远镜的光学放大率。我们下面就来看一看用望远镜观测恒星的情形。

利用以上的知识，可以进行一些计算。如果我们知道了某个望远镜的物镜直径，就可以计算出用它能够观测到的最暗的那一等星；相反，如果我们想要观测哪一等级的星星，就可以利用它来计算出所需望远镜的物镜直径。例如，如果我们想观测十五等星，所需要的望远镜的物镜，就需要达到64厘米。那么如果我们想要观测十六等星，则需要多大的物镜呢？

我们可以进行这样的计算，设x为所需的物镜直径，即可得出：

$$\frac{x^2}{64^2}=2.5$$

$$x=64\sqrt{2.5}\approx 100\text{厘米}$$

也就是说，如果想要观测十六等星，所需要的物镜直径就需要达到1米。通常而言，如果想要看到更多一个等级的星星，就需要把望远镜的物镜直径增加到原来的$\sqrt{2.5}$倍，即1.6倍。

太阳和月球的星等

不仅恒星有星等，太阳和月球也具有星等。那么，我们该如何计算它们的星等呢？接下来，我们就来研究一下这个问题。

我们依然可以运用之前的计算方法。也就是说，这种算法不仅适用于恒星，也适用于行星、太阳、月球等其他星体。然而，行星的亮度要比恒星更为复杂，所以我们在这里只大致地讨论一下太阳和月球。实际上，通过天文学的研究，人们已经知道了它们的星等：太阳的星等是负26.8等，月球满月时的星等是负12.6等。

前文提到，天空中最亮的恒星是天狼星。那么，太阳的亮度是天狼星亮度的多少倍呢？根据前面提到的公式和亮度比率，我们可以得出：

$$\frac{2.5^{27.8}}{2.5^{2.6}}=2.5^{25.2}=10000000000$$

即太阳的亮度约为天狼星亮度的100亿倍。可见，太阳要比天狼星亮得多。那么太阳的亮度又是月球的多少倍呢？我们已经知道，太阳的星等是负26.8等，也就是说，它的亮度是一等星亮度的$2.5^{27.8}$倍；月球满月时的星等是负12.6等，也就是说，它的亮度是一等星亮度的$2.5^{2.6}$倍。所以，太阳的亮度是月球满月时亮度的$\frac{2.5^{27.8}}{2.5^{13.6}}=2.5^{14.2}$倍。

依据这个数值，我们再来查阅对数表。最终我们得出的数值是447000，也就是说，当天空完全晴朗时，太阳的亮度是月球满月时亮度的44.7万倍。

在对比过太阳和月球的亮度之后，我们再来比较一下它们各自反射的热量。光线在照射时会带来热量，这种热量与光线的强度成正比。于是，月球反射到地球上的热量，就等于太阳光照射在地球上的光线热量的1/447000。我们已经知道，在大气层的边界上，面积为1平方厘米的大气，每分钟得到的太阳热量大约为2卡。所以对月球而言，每分钟反射到地球大气层边缘1平方厘米的热量，就不会超过1卡的1/220000。可见，这一点点月光根本无法对地球的气候造成影响。与之相反，太阳的光线和热量为地球的气候和四季变化带来了极大的影响，也为我们的生产和生活起到了至关重要的作用。

有些人认为月光会使云层消散，因而月光也蕴含着能量，对地球的影响甚大。其实，这个观点是错误的。在夜晚，我们会在月光的照耀下看到云层的变化，这并不是说月光改变了它们，只能说月光帮助我们看到了这些变化。

出于对月亮的喜爱，很多人并不接受上面的事实。的确，夜晚的月亮是如此美丽，古往今来也有不少文人墨客用诗歌赞美它。特别是在月圆之夜，满月的皎洁照亮了整个夜空。下面，我们不妨来计算一下，月球在满月时的亮度，相当于半个天球以内所有星星亮度之和的多少倍。将一等星到六等星全部相加，它们的亮度大致相当于100颗一等星。也就是说，这个问题变成了：月球满月时的亮度相当于多少颗一等星？依据比率，我们可以计算出：

$$\frac{2.5^{13.6}}{100}=3000$$

也就是说，在天空完全晴朗时，所有肉眼可见的星星的亮度相加，只能达到满月亮度的1/3000。而如果和太阳相比，这些星星的亮度就只相当于晴天时后者的13亿（即3000和447000的乘积）分之一。

太阳和恒星的真实亮度

同学们通过以上学习，已经对星等这个概念有了详细的掌握。它是我们在视觉上感觉到的星星的亮度，即视亮度。那么，星星的真实亮度是怎样的呢？我们又如何对它们进行比较呢？

星体的视亮度的大小，取决于它们的真实亮度和它们与我们之间的距离。若星体的真实亮度确定，则它离我们越近，视亮度就越大，星等也就越高；在距离确定的情况下，星体的真实亮度越高，则它的视亮度就越大，星等就越高。前文提到了星等，但在不知道星体的真实亮度和距离的情况下，对它们进行比较是毫无意义的。事实上，我们想要了解的是：如果星体与我们之间的距离都相等，那么它们的真实亮度会是怎样的呢？

前文提到的星等，实则是天文学家们人为确定的概念。在这里，我们也采取与之相同的办法，对星体的距离进行人为规定，从而引出恒星的“绝对星等”概念。所谓的“绝对星等”，是指一颗星星距离我们为10秒差距时的星等。而所谓的“秒差距”，是测量恒星之间距离的一种单位，1秒差距约等于300万亿公里。因为星体的亮度与其距离的平方成反比，所以如果我们知道了星体的距离，就很容易计算出绝对星等是多少了。

根据统计，我们知道在和太阳相距10秒差距之内的恒星中，平均的发光能力大致相当于绝对星等为九等的星体。而太阳的绝对星等为4.7等，那么它的绝对亮度就相当于其相邻星体平均亮度的大约50（2.5的4.3次方）倍。

由此可见，太阳系中最亮的星体就是太阳。那么，它和天狼星相比，究竟哪个更亮呢？上文提到，太阳的绝对星等是4.7等，而天狼星的绝对星等为1.3等，也就是说，如果天狼星和我们相距300万亿公里，它就相当于一个星等为1.3等的星体，而在同等条件之下，太阳的星等为4.7等。

天狼星的绝对亮度，是太阳的25（2.5的3.4次方）倍。而事实上，太阳的视亮度是天狼星的100亿倍，但它还不是天空中最明亮的。

计算恒星的绝对星等，可以运用以下这个公式：

$$2.5^M=2.5^m\times\left(\frac{\pi}{0.1}\right)^2$$

其中，M代表了恒星的绝对星等，m代表恒星的可视星等，π则代表恒星的视差，单位为秒。以上的公式可做如下变形：

$$2.5^M=2.5^m\times 100\pi^2$$

$$Mlg2.5=mlg2.5+2+21g\pi$$

$$0.4M=0.4m+2+21g\pi$$

因此：

$$M=m+5+51g\pi$$

我们可以利用这个公式，计算出天狼星的绝对星等。

其中，$m=-1.6$，$\pi=0''.38$

因此：

$$M=-1.6+5+51g0''.38=1.3$$

即：天狼星的绝对星等为1.3。

最亮的恒星

在浩瀚无垠的宇宙中，究竟哪一颗星最为明亮？是北极星，还是太阳？很显然，我们不能只靠猜测来解答这个问题。天文学家们迄今为止得到的研究结论是：在我们现有的观测能力之下，最亮的星星是剑鱼座S星。

剑鱼座S星的绝对星等为负八等，它位于南半球的天空，我们在北半球的温带地区是无法观测到它的。而且它距离我们十分遥远，用肉眼根本就观测不到。它位于麦哲伦星云的内部，而麦哲伦星云与我们之间的距离，是天狼星距离我们的12000倍，是与我们相邻的另一个星系。

为了让同学们对剑鱼座S星的发光能力了解得更为直观，我们将它与天狼星做一个比较：如果让剑鱼座S星位于天狼星现在的位置，它的亮度会是天狼星的九等，大致相当于上弦月和下弦月的亮度；如果将天狼星放到剑鱼座S星现在的位置，它的星等却只有十七等，即使使用倍数最大的望远镜，也只能勉强观测到。

我们由此可知，剑鱼座S星的发光能力是特别强大的。或许有同学会问，它的发光能力到底有多大呢？科学家们给出的答案是负八等。我们可以再把它和太阳做一番比较，得出的结论是，剑鱼座S星的绝对亮度可以达到太阳的十万倍！在已知的众多星体中，剑鱼座S星的确是最亮的星星了。

各大行星在地球上和其他星球上的星等

各大行星在地球上观测到的星等

序号	行星	星等
1	金星	−4.3
2	火星	−2.8
3	木星	−2.5
4	水星	−1.2
5	土星	−0.4
6	天王星	+5.7
7	海王星	+7.6

前文中，我们主要讨论了在地球上观测到的各种星星的星等。在这里，我们继续来讨论在太阳系的其他行星上，所能观测到的星体的星等。在进行讨论以前，我们先列出它们在最为明亮时的星等，以便同学们进行对比。

从上面的表格中，我们可以知道，我们为什么可以在白天用肉眼观测到金星、木星等行星，却看不到恒星。并且，从表中还可以看出，金星是最亮的行星，其亮度大致相当于木星的5.2（2.5的1.8次方）倍。天狼星的星等为负1.6等，金星的亮度则为天狼星的

11.87（2.5的2.7次方）倍。即使是土星，看上去也比天狼星、老人星之外的其他恒星要明亮得多。

在下面的几个表格中，我们给出了在金星、火星和木星上观测到的其他星体的星等。

在金星观测

序号	天体名称	星等	序号	天体名称	星等
1	太阳	−27.5	4	木星	−2.4
2	地球	−6.6	5	月球	−2.4
3	水星	−2.7	6	土星	−0.5

在火星观测

序号	天体名称	星等	序号	天体名称	星等
1	太阳	−26	5	木星	−2.8
2	卫星福波斯	−8	6	地球	−2.6
3	卫星戴莫斯	−3.7	7	水星	−0.8
4	金星	−3.2	8	土星	−0.6

在木星观测

序号	天体名称	星等	序号	天体名称	星等
1	太阳	−23	5	卫星Ⅳ	−3.3
2	卫星Ⅰ	−7.7	6	卫星Ⅴ	−2.8
3	卫星Ⅱ	−6.4	7	土星	−2
4	卫星Ⅲ	−5.6	8	金星	−0.3

从行星各自的卫星上来观测它们时，在卫星福波斯上观测到的圆满的火星最为明亮，星等为负22.5等；其次是在卫星V上观测到的圆满的木星，星等为负21等；再次是在卫星弥玛斯上观测到的圆满的土星，星等为负20等，亮度可以达到太阳的1/5。

下面的表格，是在各大行星上互相观测时看到的星等。

太阳系中各大行星上相互观测的星等

序号	行星	星等	序号	行星	星等
1	水星上观测金星	–7.7	8	金星上观测水星	–2.7
2	金星上观测地球	–6.6	9	水星上观测地球	–2.6
3	水星上观测地球	–5	10	地球上观测木星	–2.5
4	地球上观测金星	–4.4	11	金星上观测木星	–2.4
5	火星上观测金星	–3.2	12	水星上观测木星	–2.2
6	火星上观测木星	–2.8	13	木星上观测土星	–2
7	地球上观测火星	–2.8			

从这个表格中，我们可以看出：在各大行星上进行观测时，最亮的行星是在水星上看到的金星，其次就是在金星和水星上观测到的地球。

为什么望远镜不能放大恒星？

利用望远镜观测恒星时，与观测行星时会有明显的不同。行星会被望远镜放大，而恒星则不会，反而会被缩小，成为一个没有平面的光点。前人在第一次利用望远镜来观测天体时，就产生了这样的疑问：为什么望远镜不能放大恒星？经过考证，我们知道伽利略是第一位使用望远镜的科学家，他就把这个现象记录了下来：

“如果我们利用望远镜来观测行星和恒星，就会发现它们的形状并不相同。行星看上去是一个圆形的平面，如同一个小型的月亮一样，具有清晰的轮廓；恒星看上去却很模糊，我们也根本看不清它们的轮廓。利用望远镜，只会让它们看上去显得更加明亮，在亮度上，五等星、六等星和天狼星之间的差别甚大。”

想要解释这个问题，我们就必须先来回顾一下视网膜成像的原理。当一个人位于离我们较远的位置时，他在视网膜上所成的像就会很小；当他距离我们足够远的时候，他的头和脚就仿佛落在了视网膜的同一个神经末梢上，也就是说，我们看见的就会是一个没有任何轮廓的小点。望远镜成像的原理也与之类似。恒星和我们之间的距离非常遥远，因此我们只能看到一个没有轮廓的亮点，望远镜只是增加了它们的亮度，不会改变它们的大小。

在我们观察一个物体的时候，如果视角小于1′，就会发生前面的“由面到点”的视觉现象。然而当我们使用望远镜的时候，就可以放大所观察的物体。这使得我们在观察物体时，视觉神经的末梢能够接收到物体上的各种细节。我们经常说某个望远镜的“放大倍数是100倍”，就是指这架望远镜会使被观测物体的视角放大到处于同等距离时的100倍。不过，当物体距离我们特别遥远时，视角经过放大也不会大于1′，那么即使我们使用了望远镜，也无法观测到它们。

依据这个理论，如果我们站在月球上观察地球上的一个物体，所使用的望远镜至少要达到1000倍，物镜直径则最少要达到110米；而如果换成是站在太阳上的话，望远镜的物镜直径就要达到40公里。所以，如果我们想要利用同样的望远镜观测距离我们最近的恒星，这个恒星的直径就要达到1200万公里。这是个极其庞大的数字，太阳的直径也只达到了它的1/8.5。如果将太阳放置在这颗恒星的位置，我们利用1000倍的望远镜对其进行观测，所能看到的也不过是一个小小的光点。

就算是使用倍数如此之高的望远镜，如果我们想让这颗恒星成像为一个圆形的平面，它的体积也至少要达到太阳的600倍。同样，如果在现在天狼星的位置上有一颗恒星，那么如果我们想要在望远镜中看到它的平面，它的体积就至少要达到太阳的500倍。然而，大多数恒星的位置都比天狼星遥远，体积却又比太阳小，所以即使我们用了最高倍数的望远镜，也只不过能够观测到一个小点。

我们再来看一看行星。天文学家在观测行星时，一般只使用中等倍数的望远镜。这是因为我们在使用望远镜时，会面临一个问题：它不仅会放大物体，还会将光线散射到更大的范围。因此，当我们利用望远镜来观测太阳系内一些较大的天体时，望远镜的放大倍数越大，所成的像就越大，天体的圆形平面也就越大，进而就会显得更暗，让我们看不清其细节。因此，为了看清行星上的细节，天文学家们就必须使用中等倍数的望远镜进行观测。

或许有的同学会问：既然望远镜存在着这样那样的缺陷，我们为何还要利用它们来观测恒星呢？有以下几点原因。

第一，恒星的数目异常繁多，我们只能观测到其中很少的一部分。若是想观测那些肉眼无法看到的恒星时，望远镜就派上了用场。虽然恒星不会被望远镜所放大，但它们的亮度会有所增加。因此在夜晚，我们可以利用望远镜观测到这些恒星。

第二，与精度有关。我们的肉眼所能看到的范围十分有限，并且还会被宇宙中各种各样的假象所迷惑。例如，我们用肉眼在天空中看到一颗星星，然而当我们用望远镜观测它的时候，会发现那里存在着双星、三星或是更为复杂的星团。望远镜虽然无法放大恒星的视直径，却可以放大恒星之间的视距。所以，对一些十分复杂的星团来说，我们用肉眼也许只能看到一个光点，但利用望远镜，我们就可以发现它们其实是由许多颗星星所组成的，如图71所示。

第三，与视角有关。利用现代发明的巨型望远镜，天文学家们拍摄到的天体视角已经达到了0.01′。望远镜的一个重要功能，便是精确地计算视角的数字。那么，它可以精确到什么程度呢？举例来说，如果在1米远的距离外有一根头发，或者在1公里远的距离外有一枚硬币，我们都可以利用望远镜准确地观测它们。这是肉眼无论如何都无法做到的。

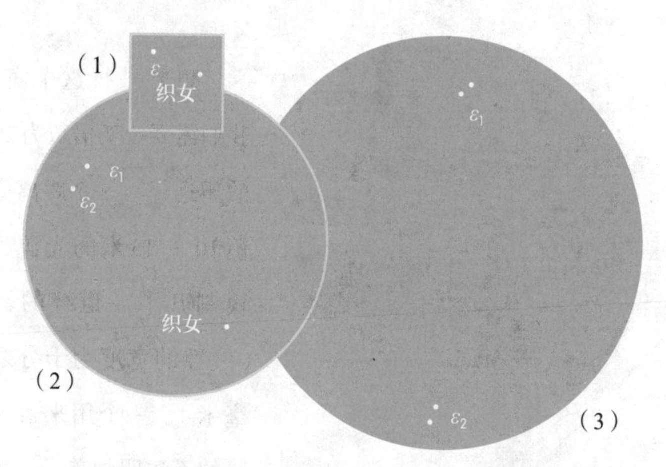

图71　不同观测状态下织女星附近的一颗恒星：（1）肉眼所看到的情景；（2）使用双筒镜所看到的情景；（3）用望远镜所看到的情景

如何测量恒星的直径？

在1920年之前，人们只能凭借猜测来讨论恒星的体积，并把它们与太阳进行比较，进而估算出平均值。当时的天文学家们认为，他们根本无法测量恒星的直径。在当时，他们也的确不具备这样的能力。

不过在1920年以后，随着物理学的进步，天文学也进入了一个崭新的阶段。利用新的工具和新的方法，人们终于掌握了如何测量恒星的真实直径。

这是一个非常简单的方法，利用了光学的干涉现象。我们下面来看一个实验。

图72 测量恒星直径的干涉仪器

想要进行这个实验，我们需要一架倍数为30倍的望远镜、一个距离望远镜10 ~ 15米的光源、一块割开了一道缝的幕布（缝隙的宽度为十分之几毫米）、一个用来盖住物镜的不透明的盖子（盖子上面沿着水平线和物镜中心对称的位置有两个小孔，它们之间的距离是15毫米，各自的直径是3毫米），如图72所示。

我们先用幕布遮住光源，再用望远镜进行观察，就会看到一条狭长的缝隙，一些微弱黯淡的条纹分散在缝隙的两边；再用那个盖子将物镜盖住，我们就可以在那条缝隙上看到许多垂直的黑暗条纹。这时，我们遮住盖子上的一个小孔，这些条纹就会消失。因为光线在通过这两个小孔的时候发生了干涉现象，从而形成了这些条纹。

而如果盖子上的那两个小孔可以随意移动，即它们的距离可以任意改变的话，我们还可以看到不同的景象。如果小孔之间的距离增大，那些黑色的条纹就会更加模糊，而当这个距离增大到一定的程度时，这些条纹便会消失。这时，我们将小孔之间的距离记录下来，通过这个数据，就可以计算出观测者所见到的那道缝隙的视角，之后再测量出缝隙和观测者之间的距离，就可以计算出缝隙的实际宽度了。

同理，我们也可以利用这个方法测量恒星的直径。我们可以在望远镜前面的盖子上扎两个小孔，让它们之间的距离可以变化。由于恒星看上去实在是太小了，因此我们选用了最大倍数的望远镜。

我们还可以根据光谱来测量恒星的直径。如果采用这个方法，就需要具备三个已知条件：恒星的温度、恒星与我们之间的距离、恒星的视觉亮度。

根据光谱，天文学家可以计算出恒星的温度。而知道了温度，我们就能够计算出恒星上1平方厘米的表面所辐射出来的热量。而知道了恒星的距离和视觉亮度，我们就可以计算出恒星整个表面的辐射量。之后，我们用这个数值除以1平方厘米表面的辐射量，就能够得出恒星表面积的数值，进而推算出恒星的直径了。时至今日，天文学家已经利用这个方法测量出了不少恒星的直径，例如五车二的直径大约为太阳的12倍，参宿四的直径大约为太阳的360倍，天狼星的直径大约为太阳的2倍，织女星的直径大约为太阳的2.5倍，而天狼星伴星的直径大约为太阳的2%。

由此可见，随着科学的发展，我们可以不再凭借猜测去了解恒星的直径了。

而知道了恒星的实际直径，就可以计算出恒星的体积。面对着这些数据，我们一定会惊异于它们竟然如此庞大，这是我们在之前无法想象的。

在1920年，第一颗被天文学家测量出体积的恒星是参宿四，它的直径远远大于火星的运行轨道，这一点让天文学家们倍感惊讶。之后，人们又计算出了天蝎座中最亮的恒星心宿二的直径，它大约是地球运行轨道直径的1.5倍，如图73所示。此外，人们还计算出了鲸鱼座中一颗恒星的直径，它竟然达到了太阳直径的330倍。

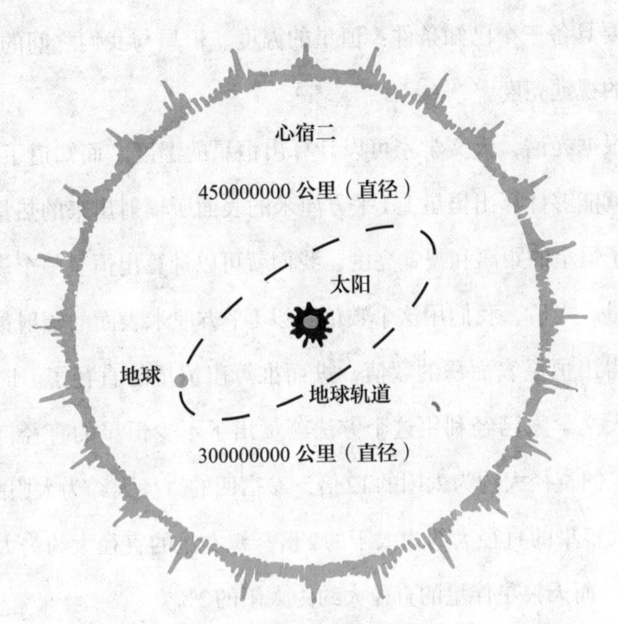

图73　心宿二的直径是地球轨道直径的1.5倍

天文学家们分析了这些巨大星体的物理属性。他们发现，这些星体的内部质地非常松软，里面的物质也非常稀少，这很不符合它们体积上的大小。有些天文学家颇为形象地评论道，它们好像是“密度远远小于空气的大气球”。事实上的确如此。例如参宿四，它的质量只达到了太阳的几倍，体积却是太阳的4000万倍，它的密度有多小就可以想见了。如果我们以水的密度来比拟太阳的密度，那参宿四的密度就类似于稀薄的空气。

令人惊异的数字

或许会有同学提出这样的问题：如果我们将所有的恒星一个接一个地拼接起来，它们的总面积会有多大？我想，这个问题的答案一定会令所有人震惊。如果将天空中所有恒星的视面积相加，其总和只相当于一个视直径为0.2″的圆形的平面。下面我们就来分析一下这个问题。

前文提到，将望远镜中看到的所有恒星的亮度相加，其总和相当于一颗负6.6等星的亮度。而负6.6等星，比太阳要黯淡20个等级，也就是说，太阳的亮度是负6.6等星的一亿倍。在此，我们假设所有恒星的平均温度等于太阳表面的温度，这样，我们就可以算出这颗恒星的视面积是太阳的$1/10^8$。而圆的直径与它面积的平方根成正比，所以这颗恒星的视直径就是太阳的1/10000，我们以算术式来表示，就是：

$$30' \div 10000 \approx 0.2''$$

从这个结果中，我们可以看出，将所有恒星的视面积相加，其总和只相当于整片天空的$\frac{1}{2 \times 10^{10}}$。

物质之重

同学们如果拿起一只盛满了水银的杯子，就会觉得它十分沉重，甚至超出了我们的想象。这是因为水银的密度非常大。水银极大的密度，吸引了许多人对其进行研究。同学们也许会想：在宇宙中，是否也存在着和水银相类似的物质呢？答案是肯定的。接下来我们就来看一看，迄今为止人们所发现的最重的星体是哪一颗。

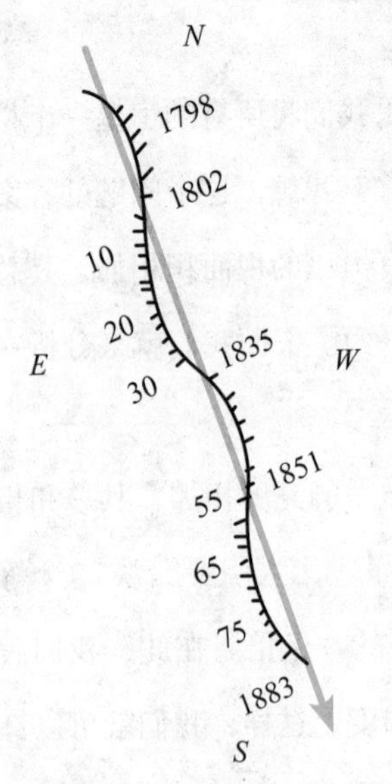

图 74　1793—1883 年，天狼星在众星中的运行路线

这颗星体是位于天狼星附近的一颗小星。在正式讨论它之前，先来说一句题外话：我们已经知道，天狼星的运行轨迹并不是一条直线，而是一条曲线，如图 74 所示。也正是因此，天文学家们在很早的时候

便对天狼星产生了浓厚的兴趣，并对其进行了深入的研究。

在1844年，当海王星还没有被人们观测到的时候，德国著名天文学家贝塞尔做出了如下推论：在天狼星的周围，一定还存在着一颗伴星，并且因为受到这颗伴星的引力作用，天狼星的运行轨道才会发生如此变化。然而直到他去世，这个推论都没有得到证实。直到1862年，天文学家利用望远镜观测到了这颗伴星，贝塞尔的推论才被人们验证为事实。

后来，随着科学技术的进步，越来越多的人知道了这颗伴星的存在。并且，人们在这颗伴星身上发现了一个奇特的现象。说起来甚至有些可笑，因为这个现象此前从未出现过。为此，天文学家们多次进行实验，最终得出的结论是：这颗伴星上存在的物质，要比同等体积的水重60000倍。如果我们盛上一杯这个星球上的物质，重量就会达到惊人的12吨，这需要一整节货运火车才能拉得动！

在天文学上，人们将这颗伴星[1]称作“天狼B星”，它围绕天狼星的主星旋转一圈的周期大约是49年。而在亮度上，它只是一颗八等星或九等星，也就是说它十分黯淡。然而，它的质量则大得惊人，约为太阳的4/5。它和天狼星之间的距离，大致相当于海王星和太阳之间的距离，也就是地球和太阳之间距离

[1] 天狼星很有可能是一颗三合星，因为它的伴星可能还有一颗伴星。这颗伴星十分黯淡，旋转一圈的周期大约是1.5年。

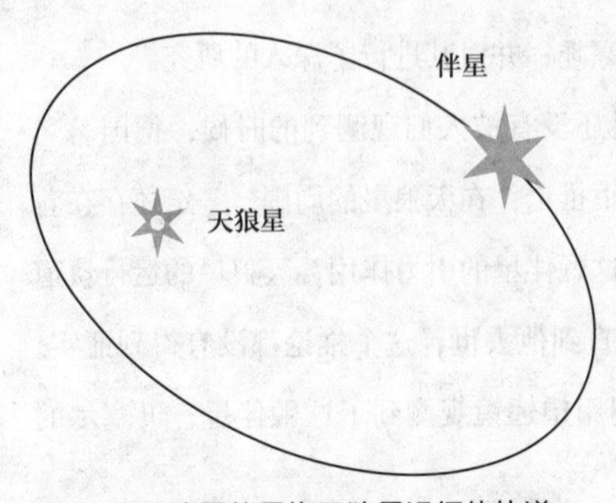

图 75　天狼星伴星绕天狼星运行的轨道。天狼星并没有在这个椭圆形轨道的焦点上，椭圆形轨道也因为投影的原因发生歪曲，所以我们看见的轨道平面是倾斜的

的20倍，如图75所示。如果将它与太阳进行深入的比较，我们还会发现这颗伴星具有这样的特征：如果将太阳放置在现在天狼星的位置上，太阳就会变成一颗三等星；再将这颗伴星放大，使它与太阳的表面积之比等于它们的质量之比，那么这颗星星就会相当于一颗四等星，而不是八等星或者九等星。

天文学家们最初认为，这颗伴星的表面温度或许是太低了，导致它无法发出足够的光芒，故而显得十分黯淡。他们还认为，这颗伴星的表面覆盖着一个坚硬的固体外壳，因此又称之为“冷却的太阳”。这种观点被人们相信了许多年，直到随着研究的深入，人们才在近几十年知道，这颗星球的亮度虽然不高，却并不是一颗“冷却的太阳”或者“即将熄灭的恒星”，它表面上的温度甚至要高于太阳。而它之所以看上去十分黯淡，是因为它的表面积太小了。

通过大量的计算，天文学家们得出：这颗星球所散发的光芒，亮度约为太阳的1/360。根据之前提到过的半径和光的关系，它的半径相当于太阳的$\frac{1}{\sqrt{360}}$，即约为1/19。从体积的角度来看，这颗伴星的体积是太阳的1/6800，质量却大致是太阳的4/5，可见它的密度有多大了。除此之外，有些天文学家计算出了更为精确的结果：这颗伴星的直径为40000公里，因此，它的密度大致相当于水的60000倍，如图76所示。

开普勒曾说："物理学家们，要警惕啊！你们的研究领域要被侵入了。"尽管在当时，他的这句话有着另外的适用场合，但它现在依然存在着深刻的内涵。普通原子中的空间，在固体状态下已经非常狭小，我们几乎已经无法对其中的物质进行压缩，我们也无法在普通状态下想象如此之大的密度。事实上，就连物理学家都没有办法想象这样的事情。

图76　天狼星伴星的物质密度大概是水的60000倍，几立方厘米的物质的质量相当于30个人的质量

如此一来，就只存在着一种可能：起作用的是那些“残破的原子”——它们失去了围绕着原子核运动的电子。从体积上来说，一个原子和一个原子核之间的对比，就好像一间屋子和一只苍蝇的对比。原子的质量主要集中在原子核上，而电子几乎没有质量，当原子失去了电子的时候，它的直径便会缩小至原来的千分之一，质量上却几乎没有减少。所以，当一颗星球承受了极大的压力时，原子核作为核心，便会以极快的速度相互接近。这其间的幅度非常大，甚至已经达到了普通原子之间距离的几千分之一，因此就使得这颗星球的密度变得极其大，进而形成了一种密度极大的物质。科学家们针对这个问题，进行了更为深入的研究，也随之发现了越来越多的类似的物质。例如，有一颗并不比地球大多少的十二等星，其物质密度却达到了水的40万倍。天狼*B*星的密度与之相比，就显得相形见绌了。

然而，这并不是密度最大的物质。1935年，科学家在仙后座内发现了一颗十三等星。它的体积大约为地球的1/8，质量却达到了太阳的2.8倍。如果利用日常的单位进行表示，这种物质每立方厘米的质量就会达到3600万克，这相当于天狼*B*星的500倍。也就是说，每立方厘米的这种物质，在地球上的重量可以达到36吨，其密度则达到了黄金的200万倍。[1]同学们都知道，原子核的直径只占整个原子直径的1/10000，因此，它的体积不会超过整个原子的$1/10^{12}$。理

---

[1] 这颗星体中心位置的物质具有更惊人的密度，每立方厘米的质量大约是100亿克。

论上来讲，如果一个物质只有原子核，那么刚才所说的星体密度就可能存在。例如，每立方米金属所含的原子核的体积大约为1/10000立方毫米，而如果物体所有的质量都集中在这么小的体积上，它的密度就会相当大。通过计算，我们可以得出，这种金属的原子核，每立方厘米的质量可以达到1000万吨，如图77所示。

浩瀚的宇宙中，奇异的事物数不胜数。随着科技的发展，在许多年之前被人们认为是毫不可能的事情，如今都成为确凿的事实。例如，人们之前认为，密度比白金大几百万倍的物质是不可能存在的，然而到了现在，这个问题便值得商榷了。

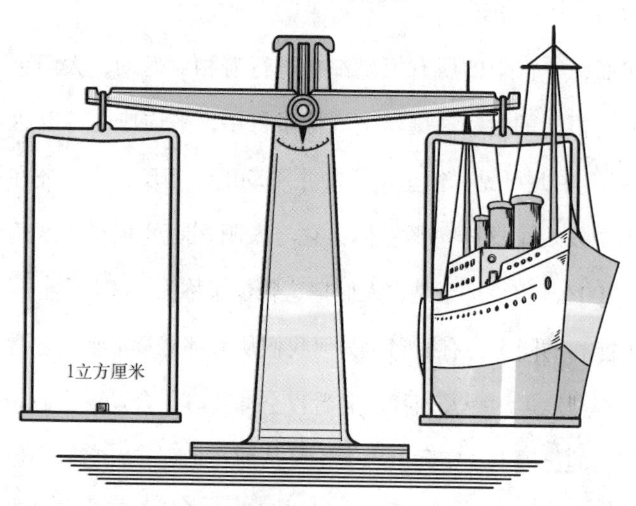

图77　1立方厘米的原子核的质量相当于大洋上一条轮船的质量，当原子核排列紧密时，1立方厘米的原子核甚至可达到1000万吨

恒星为何叫"恒"星?

我们常常会提到“行星”或“恒星”的称呼。如果从字面意义上来理解，“恒”意味着静止不动，而“行”则意味着运行不止，这说出了它们之间基本的差别。在最初，人们为它们命名时，就考虑到了它们身上这些不同的特点：恒星是相对稳定、相对静止的星星，而行星则是那些围绕着恒星不断运动的星体。虽然恒星也运动着，例如在地球的天空上进行白天升起，夜晚落下的运动，然而这并不会改变它们固有的位置。事实上，行星的位置总是在不断发生变化的。

然而，宇宙中的所有恒星都在进行着相对运动，太阳也不例外。而且恒星的运动速度丝毫不低于行星，平均速度可以达到30公里/秒。由此可见，恒星不是静止不动的。相反，人们还在恒星的世界中发现了这样一颗星体，它与太阳之间的相对速度达到了250 ~ 300公里/秒，于是，人们把这颗恒星称为“飞星”。

可能有的同学会有疑问：为何我们从来都感觉不到，也看不到恒星们剧烈地运动呢？当我们向着夜空仰望时，会发现它们始终停留在相同的位置上。实际上，无论是从前还是现在，它们都稳定地悬挂在天空，千百年来根本没有任何变化，又怎么可能每一年走过几十亿公里的路程？

这其中的道理其实不难解释：恒星距离我们实在太过遥远了。许多同学想必都有这样的经验：当我们站在高处观看地平线上的列车时，会觉得它们慢得像乌龟。然而实际上，如果我们凑到近前去观察的话，就会发现列车的运行速度非常快，甚至会让我们感到眩晕。同理，因为恒星和我们之间相距甚远，我们根本无法想象这个距离的长度，因此我们既不会感觉到它们的运动，也不会理解这种运动的速度有多快。

最亮的恒星，与我们大概相距800亿公里。它在一年中会运动10亿公里，也就等于说一年以内，我们和它之间的距离缩短了1/800000，这个比例十分微小。而如果将它放置在地球的夜空上，就会变得更小。当人们在观测它的时候，会发现它的移动视角还不到0.25″，这样小的角度，我们只能利用精度最高的仪器才能勉强测量出来。如果只用肉眼来观测，那么就算过了很长时间，我们也不会看出有什么变化。

经过无数次的测量，科学家们才发现了星体的移动规律，并进而得出了图78、图79、图80中的一些结论。

实际上，我们不能简单地把“恒星就是静止不动的星体”这句话归结为完全的谬误。因为当我们用肉眼观测它们时，它们的确是静止不动的。另外，虽然这些恒星彼此进行着快速地移动，但它们相遇的机会微乎其微，如图81所示。

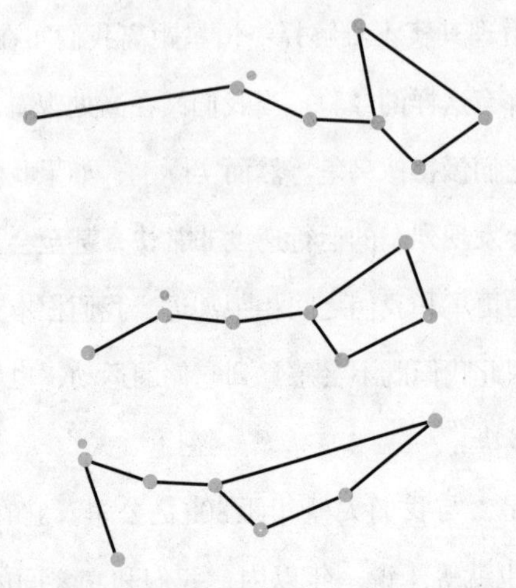

图 78　星座的运行变化很缓慢。图中从上至下分别是大熊星座10 万年前、现在和 10 万年后的形状

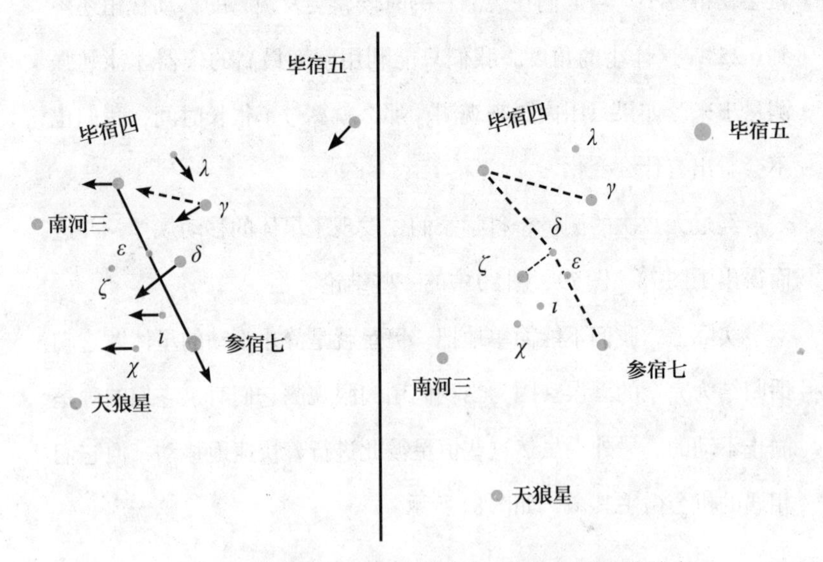

图 79　猎户座的恒星运动方向。左图是现在的状态，右图是 5 万年后的状态

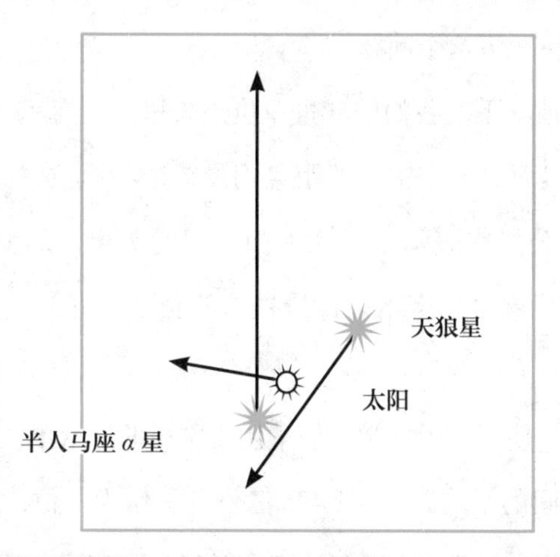

图 80　三颗相邻的恒星——太阳、半人马座 α 星和天狼星的运动方向

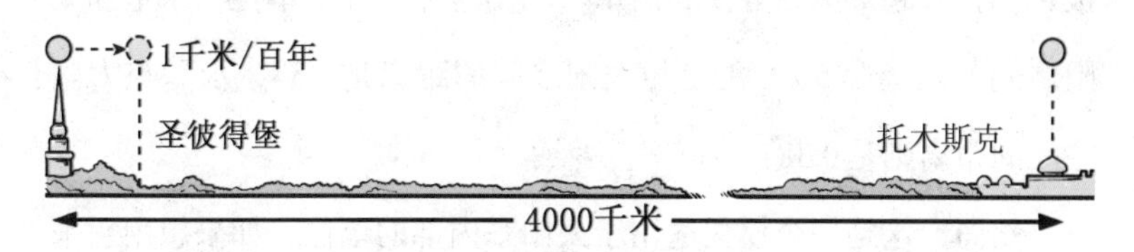

图 81　恒星运动比例图。把两颗棒球分别放在圣彼得堡和托木斯克（代表两颗恒星）两地，每过 100 年，它们之间会相互靠近 1 千米，相遇的可能性微乎其微

天体距离的计量单位

我们对天体的观测，离不开望远镜这一重要发明。然而，除去观测工具为我们提供的便利之外，我们还应当掌握相应的理论基础。例如，我们应该使用什么样的单位来计量长度和距离呢？下面

我们就来讨论一下这个问题。

在通常情况下，我们的计量单位是公里或是海里（1海里等于1852米）。然而对于宇宙中的距离测量，这些单位就无法适用了。如果我们用公里来表示木星和太阳之间的距离，那就是78000万公里，这就仿佛是用毫米来计量铁轨的长度一样，使用起来并不方便。

为了便于使用，天文学家们采用了更长的计量单位，他们将地球和太阳之间的平均距离（1.495亿公里）作为单位，这便是我们所说的“天文单位”。这样在计算的时候，数字中的很多个0就会被省去，看起来更为方便和简单。利用这样的计量单位，木星和太阳之间的距离是5.2，土星与太阳之间的距离是9.54，水星与太阳之间的距离则是0.387。

然而，这是一个仅仅适用于太阳系内部的单位，如果想用它来表示太阳和其他恒星之间的距离，仍然小得无法使用。例如，半人马座比邻星[1]是距离我们最近的恒星，如果利用刚才的单位来表示它和地球之间的距离，这个数字就是26万，依然非常巨大，使用起来也不太方便。并且，许多恒星距离我们要比它遥远得多。于是，天文学家又提出了新的计量单位：“光年”和“秒差距”。

所谓的“光年”，是指光在一年间运动的距离。1光年和地球运行轨道半径之间的比例，相当于1年和8分钟之间的比例。我们

---

[1] 比邻星与半人马座 α 星是相互并列的。

可以换算一下：光从太阳运行到地球的时间是8分钟，因此就可以想到这个距离有多大了。如果我们利用公里来表示光年，那么1光年就相当于9460000000000公里，约为95000亿公里。

而“秒差距”比光年还要大，它被用来计算星际之间的距离。在天文学中，这是一个很普遍的单位。而说起它的来源，就比光年要复杂得多了。下面，我们来看一下它代表着多远的距离。

我们在此引入“周年视差”的新概念。这个概念是指在某个星球上观测地球运行轨道半径时的视角，因此，周年视差其实就是视角。如果在某个位置观测地球运行轨道半径时的视角恰好为1″，那么这个点和地球之间的距离就是1秒差距。从这个单位，我们可以看出天文学家将“秒”和“视差”两个单位连接在了一起，从而发明了“秒差距”这个新的计量单位。此外，天文学家们通过计算得出：1单位的秒差距相当于206265个天文单位，也相当于3.26光年，也就是30.8万亿公里。之前提到过半人马座的比邻星，它的视差为0.76″，而距离和视差之间成反比例关系，因此，这颗星球距离我们便有1/0.76，即1.31秒差距。

下面，我们分别以秒差距和光年，来表示与几颗恒星的距离。

恒星名称	秒差距	光年
半人马座α星	1.31	4.3
天狼星	2.67	8.7
南河三	3.39	10.4
河鼓二	4.67	15.2

在以上表格中，这些恒星还是距离我们相对较近的。如果我们想将这些单位换算成公里，就要进行以下的计算：将第一列的数字分别乘30，再在这个得数后面加上12个0。除了光年和秒差距之外，还有一个更大的单位“千秒差距”，它和秒差距之间的比值是1000：1，如同公里和米一样。为什么还要使用这个单位呢？原因很简单，那便是光年和秒差距的单位依然不适用。我们通过计算得知，1千秒差距，大致相当于30800万万万公里。如果我们用千秒差距来表示银河系的直径，大概是30千秒差距，而我们和仙女座之间的距离大致是205千秒差距。这样看上去，数字就会简单许多。

随着天文学家对宇宙研究的深入，上面的这些单位渐渐又不再适用。于是，人们又提出了更大的单位，例如“百万秒差距”。各个单位之间的换算关系，如下所示：

1百万秒差距=1000000秒差距

1千秒差距=1000秒差距

1秒差距=206265天文单位

1天文单位=149500000公里

那么，同学们知道1百万秒差距大致有多长吗？如果我们将1公里缩小到头发一样的粗细，那么1百万秒差距就相当于1.5万亿公里，它大致相当于地球和太阳之间距离的10000倍。我们还可以用一个更为形象的比喻，来帮助同学们进行理解。我们都知道，蜘蛛丝的质量会随着其长度的增加而增加。假设莫斯科和圣彼得堡之间有一根蜘蛛丝，它的重量大致是10克。而如果地球和月球之间有一根蜘蛛丝，那它的重量就是8千克。而地球和太阳之间的蜘蛛丝可以重达3吨。但是，如果一根蜘蛛丝有1百万秒差距那么长，它的质量则可以达到6000亿吨。

与太阳距离最近的恒星系统

前文提到，距离太阳最近的恒星是飞星和半人马座α星。飞星位于蛇夫座内，是一颗星等为9.5等的小星。它可以算作是在北半球的天空中距离我们最近的恒星，与我们之间的距离，大致相当于半人马座α星的1.5倍。人们之所以称其为“飞星”，是因为它在运动时会和太阳形成一定的倾斜角，并且运动速度非常之快。在一万年的时间内，飞星会两次靠近地球。而这时，它与我们之间的距离，就比半人马座α星要近得多了。

人们在很早之前就观测到了半人马座α星，只不过在很久之后，我们才对这颗恒星有了更为深入的认识。人们最开始以为它只是一颗星，后来才发现它是双星。近些年来，人们又在半人马座α星的旁边发现了一颗十一等星，于是它又变成了一颗三合星。至此，人们才对它有了全面的了解。即便这第三颗星和之前两颗星之间的距离大于2°，但人们根据它们相同的运动速度和方向，将三者全部视为半人马座α星的一员。

半人马座α星

比邻星

图82 半人马座α星中的A星、B星和比邻星

人们将这第三颗星又称作比邻星，它是这三颗星体中距离我们最近的一颗。相比另外两颗星，它距离我们近了大约2400天文单位。这三颗星的视差分别如下：

半人马座α星（A星、B星）：0.755

比邻星：0.762

如图82所示，这颗三合星的形状非常奇怪。之所以呈现出这样的形状，是因为它们三者之间相距甚远：A星和B星之间相距34天文单位，而比邻星却和它们相距13光年。

A星和B星围绕三合星的重心旋转一圈，大致需要79年的时间，而比邻星却需要10万年以上。在运动过程中，它们的相对位置会发生改变，不过由于这个变化非常小，所以比邻星依然是这三者中距离我们最近的恒星。对A星和B星来说，想抢走这个名号，并不是短时间内就可以达成的目标。

我们最后再来看一下它们的物理属性。无论从亮度、质量还是直径方面，半人马座α星的*A*星都比太阳要大，如图83所示。*B*星的质量则小于太阳，亮度只有后者的1/3，而直径则是后者的5/6。同学们都知道，太阳表面的温度大约达到了6000℃，而*B*星的表面温度则是4400℃。比邻星的颜色呈红色，温度只有太阳的一半，也就是3000℃。它的直径大约在木星和土星之间，然而质量却大得多，大致相当于木星和土星的几百倍。比邻星与*A*星和*B*星之间的距离，大约是冥王星和太阳之间距离的60倍，是土星与太阳之间距离的240倍，其体积和土星差不多。

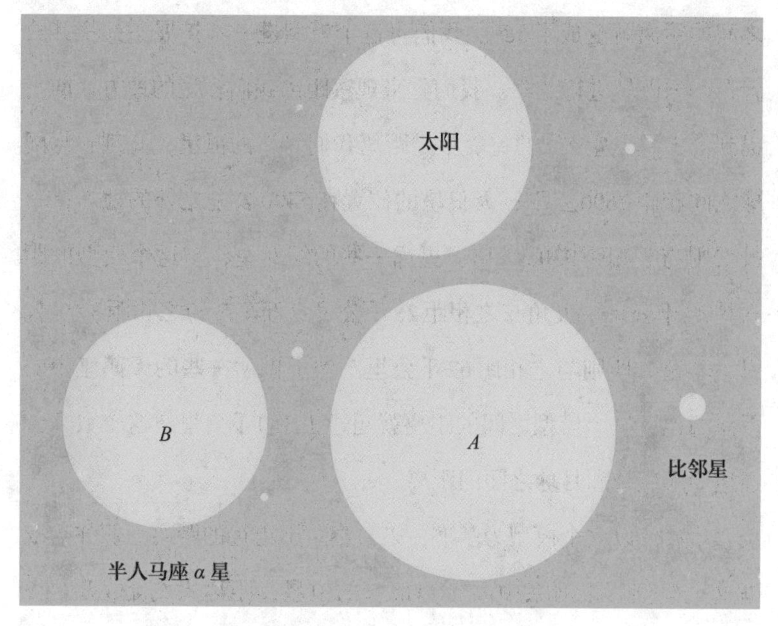

图83　半人马座α星中的三颗星和太阳的大小对比图

宇宙中的比例尺

在前文中，为了向同学们展示太阳系的大小，我使用了一个缩小版的太阳系模型。在下面的内容中，我会将这个模型应用到恒星中，来观察它会变成什么样子。

在这个模型中，用一个曲别针尖儿来代表地球，用一个直径为10厘米的网球来代表太阳，再用一个直径为800米的圆形来代表太阳系。接下来，我们会继续使用这样的比例尺，不过要将它们的单位变为“千公里”。这时，地球的周长就变为了40，而它与月球之间的距离就变成了380。我们将这个模型进一步扩展，并将其放置在地球以外进行考察。我们先来观察距离我们较近的地方。前文提到，半人马座α星的比邻星是距离我们最近的恒星，此刻它与网球之间相距2600公里；天狼星的位置在5400公里之外的地方；河鼓二则与之相距9300公里。更远一些的织女星，与这个模型的距离是22千公里；大角与之相距28千公里，五车二与之相距32千公里，轩辕十四则与之相距62千公里。到了再远一些的天鹅座中的天津四，与这个模型之间的距离就超过了320千公里，这个数字已经达到了地球和月球之间的距离。

我们再以这个模型为基准，来考察一下更远的距离。例如，依据这个模型，银河系中离我们最远的恒星，距离大约是3万千公里，这大约是地球和月球之间距离的100倍。我们还可以利用这个模型来考察银河系之外的星系。例如仙女座星云和麦哲伦星云，由于它们的亮度很高，我们用肉眼便可以在夜空中观测到它们。以这个模型作为参照，小麦哲伦星云的直径为4000千公里，而大麦哲伦星云的直径为5500千公里，它们与整个银河系之间的距离则是7万千公里。仙女座星云的直径更为庞大，大约是6万千公里，而银河系的模型则为50万千公里，这已经相当于我们和木星之间的实际距离了。

以上种种，相信会让同学们对这个模型产生更深刻的认识。现代天文学的研究范围更为广泛，除了仙女座星云和麦哲伦星云之外，还会研究银河系之外的其他恒星，即所谓的河外星云，它们与太阳大约相距6亿光年。如果同学们感兴趣的话，可以利用上面的这个模型计算一下它们距离我们究竟有多远，且处于什么样的位置。借助这个模型，我们对宇宙的整体大小，会产生一个崭新的认识。

名师点评

天文学是一门以观测为基础的科学，17世纪望远镜的发明使人类告别了肉眼观星的时代，观测天体物理学也是从19世纪运用照相术和恒星光谱测量之后才真正成为一门系统的科学，近代天文学的重大发现与进展，都离不开观测。我们对宇宙观测的最主要的对象便是恒星。恒星从诞生到消亡，人类观测到的仅仅是其精彩一生中的某个阶段，或正值激情燃烧的岁月，或步入迟暮之年，或绚丽夺目，或黯然失色。

与其说本章是一部介绍五彩斑斓恒星世界的“说明书”，不如说它是一部讲述天文观测方法的“工具书”。作者先提出了我们长期隐藏在内心的问题“为何只有恒星会眨眼”？的确，仔细想来，从没听说过行星眨眼，这是怎么回事呢？接着他希望打破我们夜晚观星的固有认识，提出了“在白天能看到恒星吗”？一步一步把我们领进恒星世界的大门，一点一点点燃我们对恒星观测的兴趣，特别是一些简单有趣的小实验，建议跟作者一起完成，相信你一定会有很大收获的。

接下来，本章系统介绍了恒星观测的一些基本概念，诸如“星等”“亮度”，以及观测设备——望远镜的操作知识。要注意，在不同的观测地，相同的恒星其星等、亮度会有不同，学会了从不同的站位去观测天体，我们的宇宙大局观也会随之逐步形成。

当然，仅掌握这些初步的观测知识是远远不够的，在实际观测过程中仍会遇到很多问题。作者从问题出发，通过“为什么望远镜不能放大恒星”“如何测量恒星的直径”等一系列设问，解答了我们的困惑，非常实用，可以说充分发挥了这本“工具书”的作用。

本章最后的几个令人深思的问题“恒星为何叫‘恒’星”“与太阳距离最近的恒星系统”“宇宙中的比例尺”，这些丰富的案例无不彰显宇宙之浩大，人类之渺小，还记得天文学是个“四不”科学吗？这部分体现得淋漓尽致。

第五章 万有引力

向上直射的炮弹

不知道同学们有没有思考过这样一个问题：如果我们站在赤道上，向天空垂直发射一枚炮弹，那么它最终会在哪里降落呢？

这个问题最早被一本杂志刊登出来，立刻引起了广泛的讨论。我们不妨假设真的可以发射这样一枚炮弹，它的初始速度为8公里/秒，向上垂直发射，那么在70分钟之后，它到达的高度正好相当于地球的半径，即6400公里。下面，让我们一起来看看这本杂志的说法：

“如果一枚炮弹在赤道上向上垂直发射，那么在离开炮口的一瞬间，它便获得了一个自西向东的加速度，与地球的自转速度相同，即465米/秒。所以，在剩下的时间里，这枚炮弹会在赤道的上空以这个速度做水平运动。而在炮弹出膛的瞬间，它正上方6400公里处的某一点，也正在以两倍于炮弹运动的速度，沿着一个半径同样为两倍的圆形轨道自西向东运动。很显然，它们的运动方向都是自西向东，而且，6400公里之上的那个点，会比炮弹的运动速度更快。所以，炮弹所能到达的最高点并不在它的正上方，而是在炮口正上方更靠西边的一个地点。同理，在炮弹经历了由下至上的运动过程开始降落的时候，便会落在炮口的西方，距离炮口大约有4000公里。所以，如果我们想让炮弹再次落入炮口，就不应该让它向上垂直地射出，而是让炮筒具备5°的倾斜。”

然而，弗拉马里翁在他的《天文学》一书中，对这个问题却有不同的看法：

“如果我们用大炮垂直向上发射一枚炮弹，这枚炮弹最终会落在它发射的位置，并且正好落进炮口。在炮弹上升以及降落的过程中，它虽然和地球一起进行着自西向东的运动，然而炮弹在空中依然会受到地球自转的影响，并获得一个同样的自转速度。所以，来自炮口发射的力和来自地球的力，此二者并不矛盾：如果炮弹上升了1公里，那么它也会同时自西向东运动6公里。从空间上来看，炮弹会沿着一个平行四边形的对角线进行运动，这个四边形的两边长分别为1公里和6公里。炮弹在降落时，会受到重力的作用，这时它就会沿着这个平行四边形的另一条对角线进行运动。更确切地说，它的下降是一个加速运动，所以运动轨迹会变为一条曲线。综上，炮弹最终会落入发射它的炮口中。

“不过，我们很难将这个实验付诸实践。首先，我们无法找到一挺这么精确的大炮；此外，我们也不能让炮口与地面完全垂直。在17世纪，吉尔梅森和军人蒲其曾经进行过这个实验，然而遗憾的是，他们在将炮弹发射升空之后，并未找到它降落的地点。在瓦里尼昂出版于1690年的著作《引力新论》的封面上，就画着一门大炮，有两个人站在它的旁边，一直仰望着天空（见图84）。

“其后，他们又进行了多次实验，但始终都没有看到炮弹降落下来。他们期待的实验结果并未出现。最终，他们只能得出这样一个结论：发射后的炮弹永远地停留在了天上，不会降落了。关于这

图 84　垂直向上发射炮弹的示意图

一点，瓦里尼昂曾经评论道：一枚炮弹怎么可能会神奇地一直悬挂在我们的头顶上？后来，斯特拉斯堡也进行过同样的实验，结果发现，炮弹降落在了距离大炮几百米远的地方。他们的实验都没有成功，原因之一就是无法使炮口完全垂直。”

综上所述，面对着同一个问题，大家的观点却不尽相同。有些人认为，炮弹最终会落在距离发射点很远的西方；另一些人则认为，它最终会落入炮口。那么，究竟哪一种说法是正确的呢？

严格来讲，这两种说法都是错误的。实际上，炮弹的确会落到发射点的西侧，但绝没有上面所说的那么远；当然了，它也绝不会再次落入炮口之内。

我们无法用基本数学原理来解释这个问题，因此，我们在这里只能给出推演的结论。

假设炮弹发射的初始速度为v，地球自转的角速度为ω，而重力加速度为g，那么我们就可以利用以下公式，计算出炮弹最终降落的地方（即发射点的西侧）和发射点之间的距离。

在赤道上：

$$x=\frac{4}{3}\omega\frac{v^2}{g^2}\ (1)$$

在纬度φ上：

$$x=\frac{4}{3}\omega\frac{v^2}{g^2}\cos\varphi\ (2)$$

我们将根据以上两个公式，来解答上面的问题。已知：

$$\omega=\frac{2\pi}{86164},\ v=8000米/秒,\ g=9.8米/秒^2$$

将它们代入式子（1），即可得出：

$$x=50公里$$

也就是说，炮弹最终会落到发射点西侧约50公里的地方，而不是之前所说的4000公里。

如果我们将这个式子代入弗拉马里翁的问题中，让炮弹不在赤道上发射，而是在北纬48°，靠近巴黎的某一个地方发射，炮弹的初始速度就会是300米/秒，即：

$$\omega=\frac{2\pi}{86164}$$

$$v=300米/秒$$

$$g=9.8米/秒^2$$

$$\varphi=48°$$

将这些数据代入式子（2），即可得出：

$$x=1.7米$$

也就是说，炮弹最终会落到距离发射点1.7米的地方，而不会像弗拉马里翁所说的落入炮口之中。需要强调的是，我们在计算中并未考虑气流造成的炮弹偏向，因此，这个数据与事实之间，依旧存在着偏差。

物体质量在高空中的变化

在之前的讨论中，我们并未考虑到这样的事实：随着物体逐渐远离地面，它所受到的重力也会越来越小。事实上，我们所说的重力，就是所谓的万有引力。根据牛顿定律，两个物体之间的引力与它们之间距离的平方成反比，也就是说，两个物体之间的距离越大，它们之间的引力就越小。我们在计算重力时，常常会把地心视作地球的质量集中的地方，地球和物体之间的距离，就是地心和物体之间的距离，也就是物体所在的高度与地球半径之和。如果一个物体处于6400公里的高空，它距离地心就是地球半径的两倍，所受到的引力就会是它在地面上的1/4。

如果将这个定理应用到那枚向上垂直发射的炮弹，那么在高空时，炮弹所受到的重力影响就会变小，因此它能够上升的高度，就会比我们在不考虑重力影响时的推算要高。如果炮弹发射时的初始速度为8公里/秒，考虑到重力随高度减小的定理，它能够达到的最高位置就是距地面6400公里；但如果我们不把重力因素考虑在内的话，所得到的数值就只是这个数字的一半。我们可以用以下计算来加以证明。在物理学和力学中，如果一个物体垂直上升时的初始速度为v，那么当重力加速度g保持不变时，便可以利用这个公式来算出它能够达到的最高位置：

$$h=\frac{v^2}{2g^2}$$

其中，v=8000米/秒，g=9.8米/秒^2

即：

$$h=\frac{8000^2}{2\times9.8}=3265000=3265\text{公里}$$

可以看出，这个数值大致等于地球半径（6400公里）的一半，由于并未考虑到重力随高度变化的条件，得到的数值才会产生如此大的差距。炮弹与地球之间的引力，会随着炮弹的升高不断减小，而炮弹发射时的初始速度却没有变化，因此，炮弹会达到比这个数值更高的位置。

需要说明的是，这并不是在指责传统的物理公式存在着错误，只是说它们也存在着自身的应用范围。一般来说，只要物体距离地面并不是太远，重力随高度减小的问题就可以不予考虑。例如，一个物体垂直上升的初始速度为300米/秒，此时，它所受到的重力并未明显减小，因此我们完全可以套用以上公式来进行计算。

而根据这个定理，当火箭或宇宙飞船发射升空，并处于距地球很远很远的宇宙时，它们所受到的重力会不会减小？换句话说，当一个物体处于极高的高空时，它的质量会不会随之发生变化？1936年，一位名叫康斯坦丁·康基那奇的飞行家专门为此进行过实验。他总共飞行了三次，每一次都带着一种质量不同的物体，目的就是考证当它们处于不同的高度时，质量会产生什么样的变化。

第一次飞行时，他携带了一个重达半吨的物体，并上升至11458米的高空。第二次，他携带了重达一吨的物体，飞到了12100米的高空。到了第三次，他携带了两吨重的物体，飞到了11295米的高空。那么，实验的结果如何呢？有的同学可能会想：地球的半径是6400公里，这个实验最多只是在这个基础上增加了12公里，物体的质量应该不会受到什么影响。然而结果却是：虽然飞行的高度并不是很高，但物体的质量却随之减轻了不少。

下面，我们来重点分析一下第三次实验。物体在地面时的质量为两吨，并且上升至11295米的高空。这时，物体与地心之间的距离就相当于它在地面时的$\frac{6411.3}{6400}$倍，于是，物体在高空和它在地面所受到的引力之比为：

$$1:\left(\frac{6411.3}{6400}\right)^2 \text{或} 1:\left(1+\frac{11.3}{6400}\right)^2$$

所以，当物体处于11295米的高空时，它的质量为：

$$2000 \div \left(1+\frac{11.3}{6400}\right)^2 \text{千克}$$

我们可以将这个数字近似为1993千克，也就是说，当一个两吨重的物体上升到11295米的高空时，它的质量减轻了7千克。同理，如果这个物体是一个重1千克的砝码，那么它上升至11295米的高空时，质量就会减轻为996.5克。

实际上，历史上还存在着许多这样的例子。在俄国，有一架平流层飞艇曾经飞到了22千米的高空，结果发现，它每1千克的质量都减轻了7克。在1936年，一位名叫尤马舍夫的飞行员携带着五吨重的物体飞到了8919米的高空，物体的质量减轻了14千克。

依据以上种种实例，同学们可以思考两个问题：

【问题一】1936年11月4日，飞行员阿列克谢耶夫携带着一吨重的物体飞到了12695米的高空，物体的质量会发生什么样的变化？

【问题二】1936年11月11日，飞行员纽赫季科夫携带着十吨重的物体飞到了7032米的高空，物体的质量会发生什么样的变化？

圆规画出的行星轨道

开普勒是行星运动三大定律的提出者。在第一条定律中，他提出：所有行星的运行轨道都是椭圆形。许多人对此表示困惑，因为太阳对身处它各个方向的物体的吸引力应该是均衡的，而且当距离减小时，引力也会随之减小。那么，为何行星并不沿着一个圆形轨道，而是沿着一个椭圆形轨道运动呢？而且即便轨道是椭圆形的，太阳又为何不在这个椭圆的正中心呢？

如果我们想用数学方法解决这个问题，就要用到复杂的高等数学理论了。那么，有没有一种只利用简单的实验和初等数学理论就可以完成的办法呢？的确有。解决这个问题，我们只需要一个圆规、一把直尺和一张稍大的白纸。下面我们就来看一看具体的操作步骤。

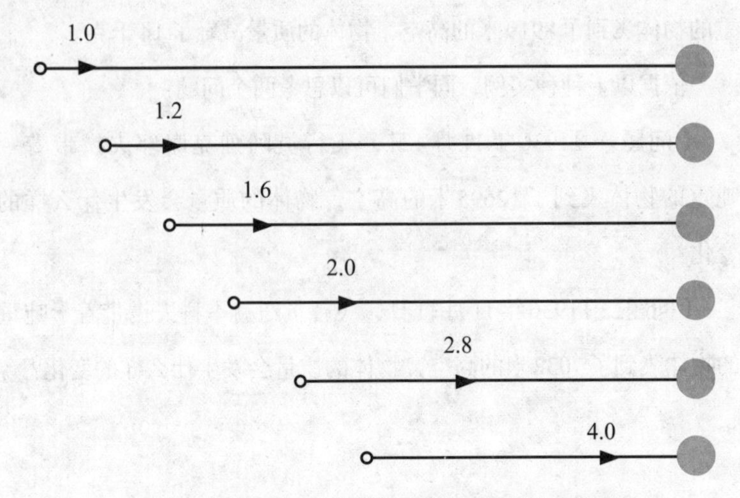

图 85　行星距离太阳越近，受到太阳的引力就越大

如图85所示，右侧的大圆圈表示太阳，左侧的小圆圈表示行星，箭头表示万有引力，而箭头的长短则表示了引力的大小。

我们可以假设某颗行星和地球之间的距离是100万公里，并且在纸上以一条5厘米的线段来表示这个距离。也就是说，图中的1厘米表示20万公里。再用0.5厘米长的箭头来表示太阳对这颗行星的引力。

假设在引力的作用下，这颗行星会向太阳慢慢地靠近，并且停留在距离太阳90万公里的位置，也就是图中4.5厘米的地方。根据万有引力定律，此时太阳对这颗行星的引力将增大至原来的$(10/9)^2$倍，即1.2倍。最初，我们用长度为0.5厘米的箭头来表示引力，而此时，这个箭头的长度就会变为原先的1.2倍，即0.6厘米。而如果这颗行星和太阳之间的距离变为80万公里，即图中4厘米的位置，此时的引力就会增加到原来的（5/4）^{2}倍，即1.6倍，箭头的长度也就变为0.8厘米。如果这颗行星继续靠近太阳，且当它们之间的距离缩小为70万公里、60万公里、50万公里时，表示引力的箭头长度就会相应地变为1厘米、1.4厘米和2厘米。

在相同的时间内，天体随引力进行位移的距离和引力的强度成正比。因此，图中的箭头不仅可以表示引力的大小，还可以表示行星的位移距离。

实际上，我们还可以继续画下去，一直将行星的位置变化图绘制出来，也就是行星围绕太阳的运行轨道。如图86所示，假定在某个时刻，有一颗和图中的行星质量相等的行星以两个单位的速度沿着*WK*的方向运动到点*K*，而此时行星和太阳之间的距离是80万公里，那么随着引力的作用，它最终会运动到距离太阳1.6个单位的地方。假设在这段时间内，行星沿着*WK*的方向运动了两个单位的距离，那么它的运动轨道，就会是以*KA*和*KB*作为两边的平行四边形的对角线*KP*。在图中，我们可以看出这条对角线的长度为3个单位。

当行星运动到点*P*之后，会继续沿着*KP*的方向以3个单位的速度运动，这时，它和太阳之间的距离*PS*的长度为5.8个单位。在太阳的引力之下，这颗行星还会沿着*PS*的方向运动，长度为3个单位。

从图86中，我们可以看到，由于比例尺太大，我们无法再将这个图画下去了。如果想要画出更大的运行轨道范围，我们就需要采用更小一些的比例尺。随之而来的好处是，我们画出的直线之间的连接处不再是一个尖角，而是显得更为平滑，看上去更像行星的运行轨道。如图87所示，这是一张用更小的比例尺绘制出来的示意图，我们可以从中更为直观地看出太阳与行星的相互影响。受到太阳的引力，行星的运行轨道发生了偏离，变成了沿着曲线PⅠ进行运动。并且，由于采取了更小的比例尺，连接直线所形成的尖角会显得更加平滑，将它们连接起来，更像是一条弯曲的曲线。

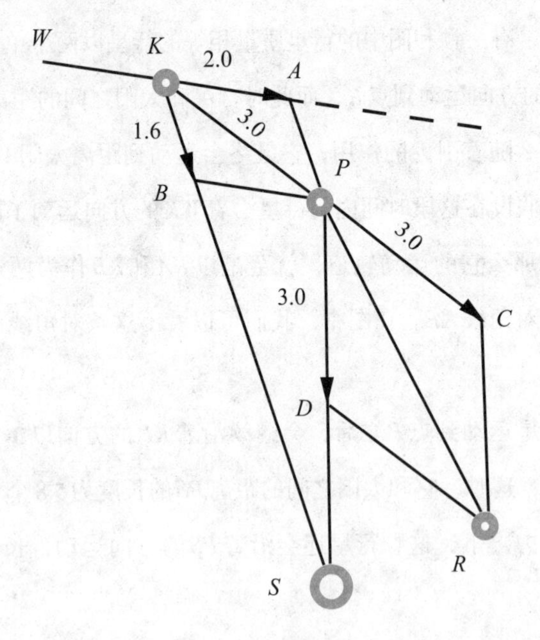

图86 在太阳S的作用下，行星运动的路线$WKPR$发生了弯曲

下面，我们继续利用几何学中的帕斯卡定理来分析这个轨道曲线的类型。首先，我们将一张透明的纸盖在图87上，并在纸上描出轨道上的任意六个点，再将它们逐一编号。然后，我们用直线将这六个点连接起来，这样就得到了一个行星运行轨道之上的六边形（其中的某些边可能会彼此相交），如图88所示。再将线段*AB*和线段*DE*延长，使这两条延长线在点*I*相交。同理，将线段*BC*和线段*EF*延长，让两条延长线在点Ⅱ相交；将线段*CD*和线段*AF*延长，让两条延长线在点Ⅲ相交。如果这条运行轨道是椭圆、抛物线或是双曲线，即某一种圆锥曲线的话，那么这三个交点Ⅰ、Ⅱ、Ⅲ就必定位于同一条直线上。

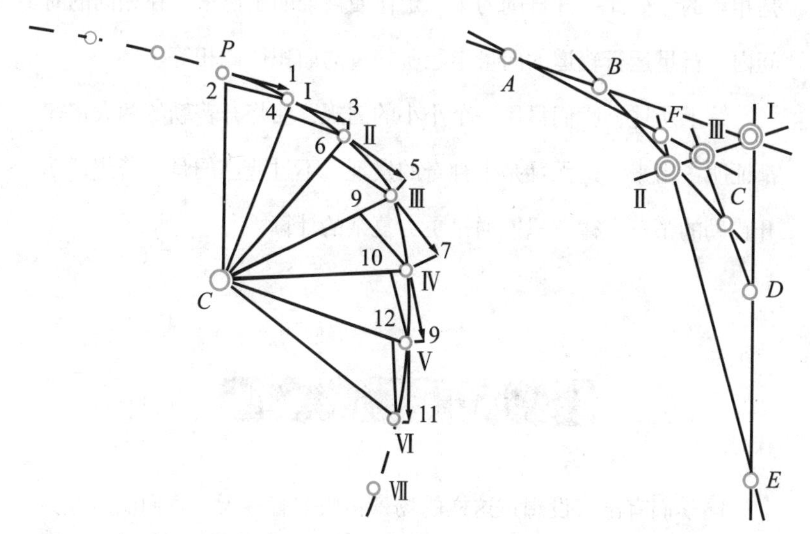

图87　在太阳*C*的引力作用下，使行星*P*偏离原来的运行路径，改为曲线运动

图88　根据帕斯卡定理，可以证明天体运行轨道是圆锥曲线

根据帕斯卡定理，如果我们能够将这幅图画得非常精确，这三个点就一定落在一条直线上。也就是说，这个运行轨道会是某一种圆锥曲线，即椭圆、抛物线或双曲线之一。

开普勒的行星运动第二定律是面积定律，我们依然可以利用帕斯卡定理加以证明。在图21中，运动轨道被12个点分成了12段，每一段弧长代表了行星在相同时间内所运动的距离。这些距离彼此并不相等，而如果我们用直线将太阳与这12个点连接起来，就可以得到12个彼此相似的三角形。之后，再将相邻的点彼此相连，就可以得到一个封闭的三角形。我们把每一个三角形的底边和高测量出来，就可以计算出它们的面积。进而我们会发现，它们的面积是相等的。如此，开普勒的第二定律便被证明了出来：在相同的时间内，行星运行轨道的向量半径所扫过的面积彼此相等。

综上所述，我们只用一个小小的圆规，便将开普勒的两大定律都证明了出来。这无疑是个神奇的发现。不过遗憾的是，若想证明开普勒的第三定律，只能通过更为复杂的计算。

假如行星撞向太阳

同学们有没有设想过这样的场景：假如有一天，我们的地球突然停止了公转，会产生怎样的后果？很多人认为，地球肯定会因此燃烧，因为像地球这样大的行星一旦停止了运动，它所蕴含的巨大能量必定以其他的方式释放，且一定转化为热能。另外，由于地球一直处于高速运动之中，因此在能量发生转化的一瞬间，便足以使地球化作一团灼热的烟雾。

假设地球有幸躲过了这场劫难，另一场劫难却会随即袭来。一旦地球停止了公转运动，它一定会被太阳极强的引力吸引过去。如此，地球便会被太阳的火焰点燃，进而化为灰烬。

并且，在这一过程中，地球坠落的速度会越来越大。在第一秒内，地球可能只向着太阳靠近了3毫米，然而在随后的每一秒内，地球都会以成倍的距离靠近太阳，最终，地球会以高达600公里/秒的速度撞向太阳炽热的表面。

那么，这个坠落的过程会持续多久呢？依据开普勒第三定律，时间和距离之间存在着以下关系：对任何行星而言，它们的运行轨道的半长径的立方，与它们绕行太阳公转时长的平方之间的比值是恒定不变的。

如此一来，我们就可以将向着太阳撞击的地球想象成一个沿着椭圆形轨道进行运动的彗星，这个轨道又扁又长，其中的一个端点靠近地球的运行轨道，另一个端点则位于太阳的中心。那么，彗星运行轨道的半长径就是地球运行轨道的一半。根据开普勒第三定律，我们可以列出以下比例式：

（地球公转周期）^{2} ：（彗星绕行太阳运动周期）^{2}=（地球运行轨道半长径）^{3} ：（彗星运行轨道半长径）^{3}

地球围绕太阳运行一圈的周期为365天。假设地球运行轨道的半长径为1，彗星运行轨道的半长径即为0.5。将这些数据代入以上式子，即可得出：

$$365^2:(\text{彗星绕行太阳运动周期})^2=1:0.5^3$$

于是，彗星绕行太阳运动周期的平方为365^2乘1/8，即：

$$\text{彗星绕日周期}=365\times\frac{1}{\sqrt{8}}=\frac{365}{\sqrt{8}}$$

我们并不是想具体计算出彗星绕行太阳运动的周期，而是想要弄清彗星从轨道的此端运行到彼端，需要多长时间，这也是地球从此刻的位置撞向太阳所花费的时间，或者说，是地球撞向太阳的过程会持续多长时间。将以上的数值除以2，即可得出：

$$\frac{365}{\sqrt{8}}\div 2=\frac{365}{2\sqrt{8}}=\frac{365}{\sqrt{32}}=\frac{365}{5.6}\approx 65$$

即65天。也就是说，如果地球的公转运动突然停止，那么在两个多月之后，它就会撞击到太阳的表面上。

事实上，以上比例式不仅适用于地球，还适用于其他的行星甚至卫星。如果我们想知道一颗行星或卫星要花费多长时间撞向它们的中心天体，只需要将其公转的周期除以5.6就可以了。

举例来说，距离太阳最近的行星是水星，它绕行太阳运动一圈的周期是88天。如此我们就可以计算出，如果它撞向太阳，所花费的时间是15.5天。海王星绕行太阳运动的周期大概是地球的165倍，那么如果海王星撞向了太阳，所花费的时间就会是29.5年；而冥王星则需要44年，才会撞击到太阳的表面。

利用同样的办法，我们还可以计算出，如果月球停止运动并且撞向地球，需要花费5天的时间。实际上，所有和月球的位置差不多的天体，如果它们只受到地球的引力作用，并且没有获得初始速度的话，那么它们撞向地球的时间都会是5天左右。当然，在这里我们并没有考虑到太阳施加的影响。所以，利用这个公式，儒勒·凡尔纳的小说《炮弹奔月记》中的那个“炮弹需要多长时间会飞到月球”的问题就迎刃而解了。

从天而降的铁砧

在古希腊神话中，流传着这样一个故事：有一次，管理冶炼的神赫菲斯托斯不小心从天上掉下了一个铁砧，9天之后，铁砧落到了地面。根据这个故事，当时的人们普遍认为：铁砧降落到地面需要9天，就说明天神们居住的地方一定又高又远。因为，即使一个铁砧从当时最高、最宏伟的金字塔尖上向地面坠落，也不过花费5分钟。9天的时间对他们而言，是无法想象的。

如果这个故事是真的，那么古希腊诸神所住的地方，比起整个宇宙就简直太狭小了。

前文提到，月球撞向地球需要5天，这比故事中的9天要稍短一点儿。所以，我们可以据此来推断，铁砧最开始所处的位置一定比月球远。如果假设铁砧是地球的一颗卫星的话，就可以用9天乘5.6，计算出它绕行地球运动一圈的时间，即51天。根据开普勒第三定律，我们可以得出以下式子：

（月球绕行地球一圈的周期）^{2} ：（铁砧绕行地球一圈的周期）^{2}=（月球和地球之间的距离）^{3} ：（铁砧和地球之间的距离）^{3}

将数据代入这个式子，即可得出：

$27.3^2 : 51^2 = 380000^3$ ：（铁砧和地球之间的距离）^{3}

由此可得：

铁砧和地球之间的距离 $= \sqrt[3]{\dfrac{51^2 \times 380000^3}{27.3^2}} = 380000\sqrt[3]{\dfrac{51^2}{27.3^2}}$

即58万公里。

也就是说，在古希腊人的眼中，众神生活在距离地球58万公里的高空上。这个距离约为月球和地球之间距离的1.5倍。因此，我们可以这样说：古人眼中宇宙的尽头，恰恰是今人眼中宇宙的起点。

何为太阳系的边界？

如果假设彗星运行轨道的远日点为太阳系的边界，那么根据开普勒第三定律，我们就可以计算出这个边界具体在哪里。我们以一颗绕行太阳运动周期最长的彗星为例，它的这一运动周期为776年，而近日点的距离则是180万公里。我们假设它的远日点距离为x，并将其与地球的运行轨道相比，便可以得到以下比例式：

$$\frac{776^2}{1^2} = \frac{\left[\frac{1}{2}(x+1800000)\right]^3}{150000000^3}$$

进而可得：

$$x+1800000=2\times150000000\sqrt[3]{776^2}$$

解得：

$$x=253.3\text{亿公里}$$

于是，这颗彗星的远日点距离即为253.3亿公里，这个距离是地球和太阳之间距离的181倍，也是冥王星和太阳之间距离的4.5倍。

儒勒·凡尔纳的错误

儒勒·凡尔纳在他的一篇小说中提到，有一颗名叫“哈利亚”的彗星，它绕行太阳运动一圈所需的时间是两年。他还说，这颗彗星的运行轨道的远日点在8.2万万公里的位置，却没有提到近日点在什么地方。根据之前提供的数据以及开普勒第三定律，我们可以确定：他所说的这颗彗星，太阳系中根本不可能存在。

我们不妨利用计算来证明一下。假设这颗彗星运行轨道的近日点距离是x百万公里，那么轨道的长径就是$x+820$百万公里，半长径则为这个数字的一半。地球和太阳之间的距离是150百万公里。根据开普勒第三定律，我们将这颗彗星绕行太阳的运动周期以及距离和地球进行比较：

$$\frac{2^2}{1^2}=\frac{(x+820)^3}{2^3\times150^3}$$

可以得出：

$$x=-343$$

彗星运行轨道的近日点距离竟然是一个负数，这是不可能发生的。如果一颗彗星绕行太阳一圈仅仅需要两年的时间，那么它和太阳之间的距离，根本不会像小说中说的那么远。

如何称出地球的质量？

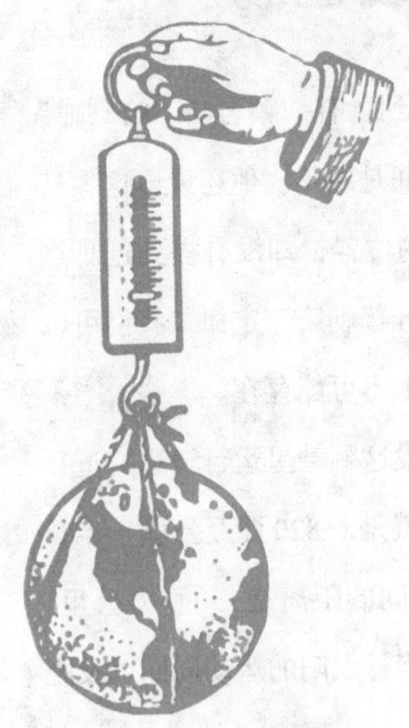

图 89　天文学家用秤“称”出地球的质量

如图89所示，天文学家可以利用某种方法，将地球或其他天体的质量“称”出来。这一定让有些同学感到诧异。下面，我们就来说一说这里的“称”究竟是什么意思。

我们要先搞清楚这里所说的“称”，到底称的是什么。有些同学可能会说，当然是称地球的质量了。可是在物理学的角度上，物体的质量是指施加在这个物体上的压力，或者说是这个物体对秤的弹簧施加的拉力。如果将这个理论应用到天体上，比如地球，则根本就没有什么物体支撑着它，更不可能将地球悬挂在某个物体上。所以，根本不存在所谓的压力或拉力。这样看来，地球也就不存在质量。那么天文学家们称的到底是什么呢？其实，他们是在称地球物质的“分量”。

举例来说，如果你在商店买了1千克的白糖，你根本不会考虑这些白糖对秤施加了多少压力或者拉力，只会关心这些糖可以冲出来多少糖水。也就是说，你关心的其实是白糖中这些物质的分量。同学们知道，相同分量的物质，它们的质量也相同，而质量和引力之间又是正比例关系。故而，如果我们想测量某种物质的分量，就可以通过计算地球对它具有多少引力来得出数据。

我们回过头来看地球的质量。如果我们知道了地球物质的分量，就可以推断出，如果某个物体支撑着地球，它的表面将会承受地球带来的多少压力。也就是说，我们必须先得出地球物质的分量，才可以进而讨论地球的质量。

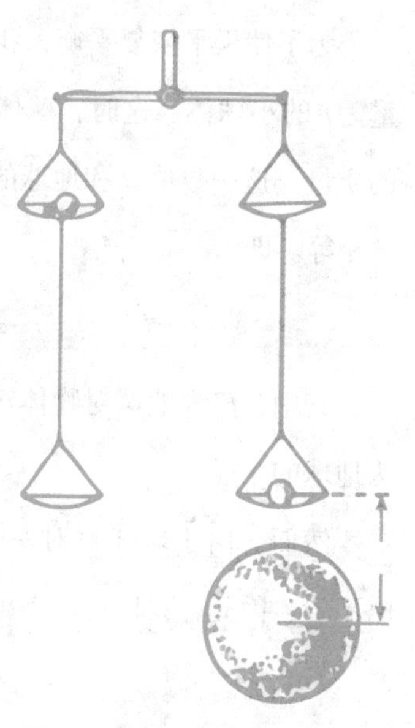

图90　天文学家称地球的方法示意图

1871年，乔里发明了一个方法。如图90所示，在一个十分灵敏的天平两端各放上两个一上一下的盘子，盘子的质量可以忽略不计。上层盘子和下层盘子之间的距离为20～25米。我们在右下方的盘子里放上一个质量为m_1的球体，而为了使天平保持平衡，再在左上方的盘子里放上一个质量为m_2的球体。然而，m_1和m_2并不相等。这是因为，如果两个物体的质量相等，那么当它们处于不同的高度时，所受到的地球引力也不一样。这时，我们在右下方的盘子中再放入一个质量为M的球体，此时天平就无法继续保持平衡了。依据万有引力定律，球体m_1会受到球体M的引力F，F的大小与它们的质量成正比，和它们之间的距离d的平方成反比。即：

$$F=k\frac{Mm_1}{d^2}$$

其中，k为引力常数。

为了使天平恢复平衡，我们必须再往左上方的盘子里放一个质量为n的小球体。这时，球体n对天平施加的压力，就等于它自己的质量。这一数值，和地球的整体质量对这个球体n所产生的引力F'相等。即：

$$F'=k\frac{nMe}{R^2}$$

其中，F'为地球对物体n所产生的引力，Me为地球的质量，R为地球的半径。

然而，由于球体M对左上方盘子中的物体的影响可以小到忽略不计，因此，我们可以得出以下等式：

$$F=F' \text{或} \frac{Mm_1}{d^2}=\frac{nMe}{R^2}$$

其中，只有地球的质量Me是个未知数，而其他的数据我们都可以通过测量来得出。所以，我们可以算出地球的质量，即 Me=6.15 × 10^{27} 克。这个数据是人们利用实验测量而得出的。实际上，我们还可以利用其他方法计算出地球的质量，其中比较准确的结果是约 5.974 × 10^{27} 克，即约 6 × 10^{21} 吨，这个数据和事实之间的误差只有不到 0.1%。

现在，我们终于知道天文学家是怎样计算地球的质量了。我们用了“称”这个字，实际上是不太恰当的。然而，它也具有一定的道理。因为当我们利用天平来称一个物体的时候，我们所得出的并不是它的重量，而是地球对它所产生的引力，使物体的质量等于我们采用的砝码的质量，就可以测量出物体的质量。

地球的内核

同学们在一些科普类的书籍和文章中，常常可以看到此类错误的说法：如果我们测量出地球每平方厘米的平均质量（即地球的比重），再利用几何学方法计算出地球的体积，再将这两个数值相乘，便可以计算出地球的总体质量。这个说法为什么是错误的呢？因为我们并不清楚地球上的大部分物质到底是什么，因此根本无法测量出地球的真实比重，我们所能测量出的只是地球比较薄的地壳最外层的比重。现在，我们能够勘探到的矿产，最深只位于地壳以下 25 公里内的地方，通过计算，我们可以得出，这些部分只占了地球总体积的1/85。

事实上，上面所提出的计算方法，正好将正确的计算方法颠倒了过来。我们应该先计算出地球的总体质量，再利用这个数据计算出地球的平均密度。我们现在可以知道，地球的平均密度大约为5.5克/立方厘米，这远远大于地壳的平均密度。也就是说，地球内核中的物质密度更高。

如何计算太阳和月球的质量？

一个非常奇怪的现象是：虽然太阳比月球距离我们更远，然而我们却可以轻易测量出太阳的质量。若想测量月球的质量，则要花费更多的工夫。

那么，如何计算太阳的质量呢？同学们知道，每一克物体对距离它一厘米以外的另一物体的引力是1/15000000毫克。根据万有引力定律，我们假设这两个物体的质量分别为M和m，它们之间的距离为D，那么，它们之间的引力f为：

$$f=\frac{1}{15000000}\times\frac{Mm}{D^2}$$

如果把这个式子中的M换算为太阳的质量，m换算为地球的质量，D则是地球和太阳之间的距离1.5亿公里，我们就可以计算出地球和太阳之间的引力：

$$\frac{1}{15000000}\times\frac{Mm}{15000000000000^2}\text{毫克}$$

实际上，这个引力就是地球沿着公转轨道运行时产生的向心力。根据力学公式，我们可以知道向心力的公式为$\frac{mv^2}{D}$毫克，其中，m为地球的质量（克），v为地球绕太阳公转的速度，即30公里/秒（也可以表示为3000000厘米/秒），D则是地球和太阳之间的距离。即可得出：

$$\frac{1}{15000000} \times \frac{Mm}{D^2} = m \times \frac{3000000^2}{D}$$

计算可得：

$$M = 2 \times 10^{33} = 2 \times 10^{27} \text{吨}$$

再用这个数据除以地球的质量，可得：

$$\frac{2 \times 10^{33}}{6 \times 10^{21}} = 330000$$

除此之外，再根据开普勒第三定律和万有引力公式，我们可以得到以下式子：

$$\frac{M_s + m_1}{M_s + m_2} = \frac{T_1^{\ 2}}{T^{\ 2}} = \frac{a_1^{\ 3}}{a_2^{\ 3}}$$

其中，Ms为太阳的质量，T为行星的恒星周期（即当我们站在太阳上的时候，所看到的行星围绕太阳运行一圈所花费的时间），a为行星和太阳之间的平均距离，m为行星的质量。如果我们将这个公式套用到地球和月球上的话，即可得出：

$$\frac{M_s + m_e}{M_e + m_m} = \frac{T_e^{\ 2}}{T_m^{\ 2}} = \frac{a_e^{\ 3}}{a_m^{\ 3}}$$

我们把ae，am，Te，Tm的数据分别代入以上式子。为了便于计算，我们可以忽略掉分子中远远小于太阳质量的地球质量和远远小于地球质量的月球质量，从而得到以下的这个近似值：

$$\frac{M_s}{M_e}=330000$$

其中，地球的质量是已知的。所以，我们可以计算得出太阳的质量，它大约为地球质量的33万倍。之后，我们再用太阳的质量除以它的体积，就可以得到太阳的平均密度，这个数值大致相当于地球平均密度的1/4。

由此可见，我们很轻易就可以测量出太阳的质量。然而，想要测量月球的质量，就不那么简单了。一位天文学家曾说："虽然月球是距离地球最近的星体，然而，若想测量出它的质量，比测量距地球最远的海王星还要艰难。"这是因为我们必须通过更为复杂的方法才能测量出月球的质量，其中有一个方法，是比较太阳和月球所引起的潮汐变化的高低。

这个方法依循着这样的原理：潮汐的高度，与引起它发生变化的天体的质量，以及天体和地球之间的距离有关。太阳的质量和它与地球之间的距离，以及月球和地球之间的距离都是已知条件，因此，我们就可以通过它们所引起的潮汐高度来推断出月球的质量。后文中有具体的计算过程，在这里，我们先把结果告诉大家：月球的质量，大致相当于地球的1/81，如图91所示。

而我们也知道月球半径的具体数值。因此，就可以计算出月球的体积：它大致相当于地球的1/49。所以，月球和地球之间的平均密度之比就是：

$$49:81=0.6$$

由此可知，和组成地球的物质相比，组成月球的物质要稀疏许多。然而如果和太阳相比的话，月球的物质就显得十分紧密了。事实上，月球的平均密度，远远要大于很多行星。

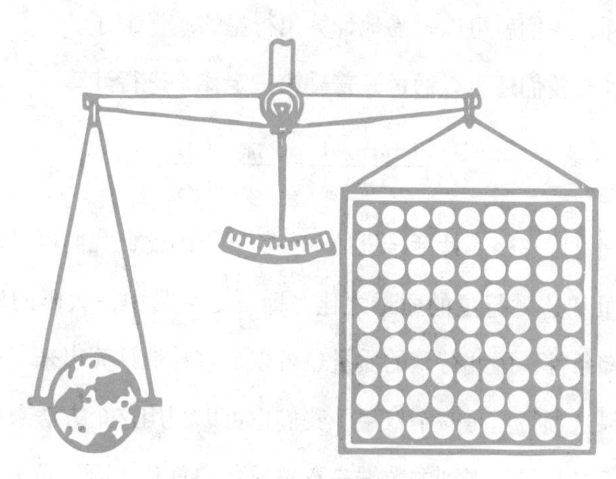

图 91 月球的质量是地球的$\frac{1}{81}$

如何计算行星的质量和密度？

任何一颗有卫星的行星，都可以被我们“称”出它的质量。只要知道了卫星绕行星运动的速度v和它们之间的距离D，我们就可以利用向心力$\frac{mv^2}{D}$等于行星和卫星之间的引力$\frac{kmM}{D^2}$这个关系来进行计算。即：

$$\frac{mv^2}{D}=\frac{kmM}{D^2}$$

进而得出：

$$M=\frac{Dv^2}{k}$$

其中，k为某个质量为1克的物体对距离它1厘米以外的另一个质量为1克的物体的引力，m为卫星的质量，而M则为行星的质量。这样，我们就可以轻易地计算出行星的质量M了。

此外，我们还可以通过开普勒第三定律来进行计算：

$$\frac{(M_s+m_{行星})}{(M_{行星}+m_{卫星})}=\frac{T_{行星}^2}{T_{卫星}^2}=\frac{a_{行星}^3}{a_{卫星}^3}$$

我们可以忽略不计括号里的一些数据，因此，我们可以得出太阳的质量和这颗行星的质量之比，即$\frac{M_s}{M_{行星}}$。其中，太阳的质量是一个已知条件，因此行星的质量也可以很容易地计算出来。

如果这颗行星是一个双星，我们也可以利用这个方法来计算质量。只不过，最后得到的数据是双星质量的总和，而不是每颗星星各自的质量。然而，如果这是一颗没有卫星的行星，那么我们就需要通过计算卫星质量的方法来计算它，这会困难许多。举例来说，如果我们想计算水星和金星的质量，只能通过它们和地球之间的作用，或者是它们对某个彗星所产生的干扰作用，再或者是它们二者之间的作用来进行计算。

一般而言，小行星的质量都是非常小的，因此，它们之间的影响也会很小。于是，我们便会觉得根本无从测量小行星的质量，唯一能够测量的，是这些小行星质量的总和，然而这个数值也并不是完全确定的。

在知道了行星的质量和体积之后，我们便可以计算出它们的平均密度。下面的表格中列举出了一些行星的密度数值。

序号	行星	密度	序号	行星	密度
1	水星	5.43	5	木星	0.24
2	金星	0.92	6	土星	0.13
3	地球	1.00	7	天王星	0.23
4	火星	0.74	8	海王星	0.22

通过这个表格，我们可以看到：地球是太阳系中除了水星之外密度最大的行星。为什么许多巨大的行星，它们的平均密度却反而很小呢？这其中的原因十分复杂。不过，其中一个可能的原因是：在它们坚硬的内核之外，包裹着一些轻薄的大气。正是这些大气，使得这些行星的体积变得相当庞大。

重力在月球和行星的变化

有些同学可能会产生这样的疑问：既然我们没有在月球或其他行星上生活过，又怎么会知道这些地方的重力呢？这其中的道理非常简单：如果我们知道了一个天体的半径以及它的质量，就可以很轻易地计算出某个物体在这个天体上所承受的重力是多少了。

我们在此继续以月球为例。之前提到，月球的质量相当于地球的1/81。根据牛顿定律，当我们讨论万有引力时，通常是将质量集中在天体的核心进行讨论。因此对地球来说，它的半径就相当于从它的核心到地表的距离，而月球也一样。月球的半径相当于地球的

27/100，所以，月球上的引力（也就是物体所受到的重力）就相当于地球上的

$$\frac{100^2}{27^2 \times 81} \approx \frac{1}{6}$$

也就是说，地球上质量为1千克的某个物体到了月球上，质量就会削减为1/6千克了。不过这个变化并不是很大，我们必须通过弹簧秤才能看出来。

另外，在这里还会出现一个奇特的现象：如果月球上有水，那么我们在月球上游泳的感觉，和在地球上是差不多的。这其中的原因，是人在月球上的体重也会缩小到原来的1/6，所以在游泳时所排出的水的质量，也会减小到原来的1/6。因此，当我们在月球上潜水的时候，也会像在地球上一样，感到十分困难。不过当我们浮到月球的水面时，就会感觉轻松许多了。这是因为我们的体重减轻了，因此并不需要费力，就可以在水面上浮起来。

下面的表格中列举出了同一物体在地球和不同行星上所受到的重力大小。

行星	重力
水星	0.26
金星	0.90
地球	1.00
火星	0.37
木星	2.64
土星	1.13
天王星	0.84
海王星	1.14

由此可以看出，地球在这个表格中位居第四名，排在它前面的行星依次是木星、海王星和土星，如图92所示。

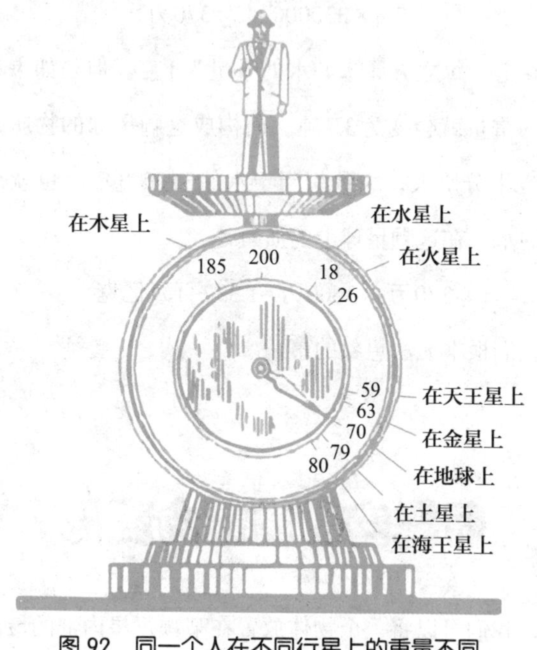

图92　同一个人在不同行星上的重量不同

天体上神奇的重力

我们在第四章中讨论过矮星天狼*B*星的一些特点。它虽然半径很小，却有着十分巨大的质量，因此其重力也大得惊人。除了这颗白矮星之外，还有仙后座中的一颗白矮星，其质量大致相当于太阳的2.8倍，半径却只有地球的一半。我们可以通过计算得出，这颗星体之上的重力，是地球上的370万倍：

$$2.8 \times 330000 \times 2^2 = 370\text{万}$$

在地球上，每立方厘米的水的重量为1克。但是如果在这颗星球上，它的重量就会变为3.7吨。而构成这颗星球的物质，它们的平均密度也十分巨大，大致相当于水的3600万倍。也就是说，每立方厘米的水，在这颗星球上的质量是：

$$370\text{万} \times 3600\text{万} = 1.332\text{百万亿克}$$

这是我们根本无法想象的事情。

行星内部的重力变化

假如，我们可以将一个物体放置在某颗行星内部的最深处，那么这个物体的重量会产生什么样的变化呢？

有的同学可能会认为它会变重，因为此时它距离行星的内核更近了。然而，这并不是正确的答案。实际上，情况刚好相反：一个物体越接近行星的内部，它的重力不会越来越大，反而会越来越小。下面我们就来分析一下这个问题。

通过力学的相关知识和计算，我们可以知道：如果将某个物体放置在一个均匀的空心球体的内部，它不会受到任何引力的影响，如图93所示。同理，如果我们将一个物体放入实心球体的内部，以它到实心球体中心的距离为半径，再以实心球体的中心为圆心画出一个球体，那么这个物体就只会受到来自画出的这个球体的引力，如图94所示。

根据这两个实验，我们可以得出一则定理：物体所受到的引力，与它和行星中心的距离有关。如图95所示，我们假设行星的半径是R，而物体到行星中心的距离为r。

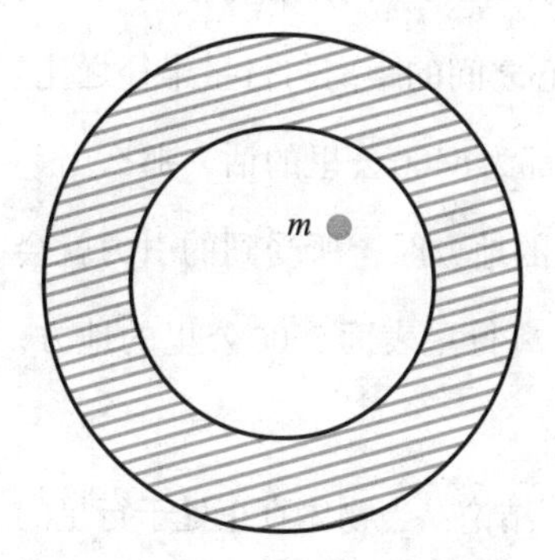

图93　将一个物体放在一个均匀的空心球里，这个物体不受空心球的引力作用

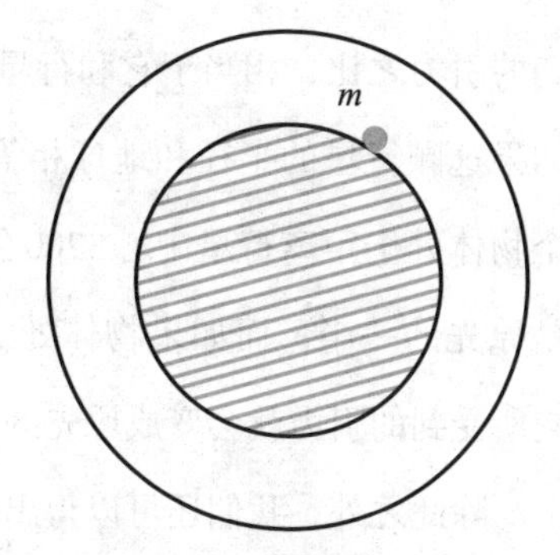

图94　放入实心球内部的物体所受到的引力，跟图中阴影部分的物质有关

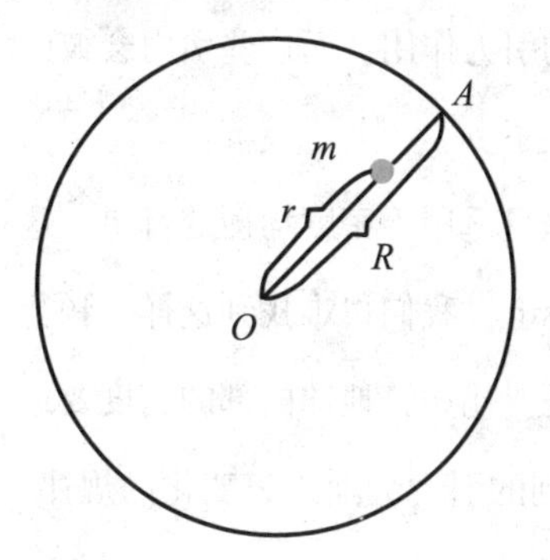

图95　物体的质量随着它与行星中心的距离变化而变化

物体此时就会受到来自两个方面的引力：一方面，是由于距离的缩短而使得引力增大到原先的$\left(\frac{R}{r}\right)^2$倍；另一方面，则是由于行星内部的物质变小，而使得引力缩小到原先的$\left(\frac{R}{r}\right)^3$。如此一来，此刻物体所受到的引力总量就是：

$$\left(\frac{R}{r}\right)^2 \div \left(\frac{R}{r}\right)^3 = \frac{r}{R}$$

我们从这个公式中可以看出，物体在行星内部和行星表面所受到的引力之比，相当于它和行星中心之间的距离与行星半径之比。如果这颗行星的半径和地球相等，都为6400公里的话，那么当一个物体处于距离行星中心3200公里的地方时，所受到的引力就会是原先的一半；而如果物体处于距离行星表面5600公里的地方，它所受到的引力就会变成原先的1/8。

除此之外，我们还可以得出以下结论：当物体真正处于行星的中心时，它所受到的引力会变为0。这是因为：

$$(6400-6400) \div 6400=0$$

事实上，我们通过推理就可以得出这个结论。当物体处于行星中心时，它将会受到来自四面八方的引力作用，而这些引力会彼此抵消，也就使得这个物体的质量消失了。

同学们需要注意的是，以上推理只适用于密度均衡的行星，这是一种完全理想化的状态。然而实际上，我们很难找到这样一颗行星，因此这个推理还需要进一步考证。比如，地球内部的密度要远远大于它表面的密度，所以物体受到的引力会随距离变化的规律，就会和此前的推论有所不同。如果一个物体位于距离地面较近的位置，它所受到的引力会随着深度的增加而增大；然而当它位于地球内部的深处时，所受到的引力又会逐渐减小。

轮船的质量变化

海面上的同一艘轮船，是在有月亮的晚上更轻一些，还是在没有月亮的晚上更轻一些呢？

有的同学可能会回答在有月亮的夜晚，因为轮船会受到月球的引力作用，所以会更轻一些。然而实际上，这个问题并没有这么简单。在有月亮的夜晚，轮船固然会受到月球的引力作用，然而地球也同样会受到这样的引力作用。在月球的引力下，地球上所有物体的运动速度和加速度都是相同的，所以我们根本无从判断轮船的质量究竟有没有减轻。然而，经过一些人的精确测量，轮船的确会在有月亮的晚上减轻它的质量。这其中的原因是什么呢？

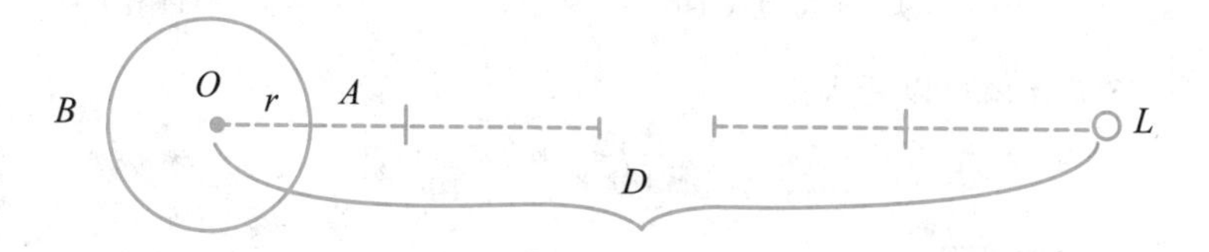

图 96 月球引力和对地球上两艘轮船（分别位于地球直径两端）作用的示意图

如图96所示，点O代表了地球的中心，A和B是两艘轮船，它们所连成的直线经过点O。也就是说，它们正好位于地球的一条直径的两端。r为地球的半径，D则代表了从月球的中心L到地球的中心O之间的距离。M代表月球的质量，而m则代表轮船的质量。为了方便计算，我们假设轮船A、B和月球位于同一条直线上，也就是说，月球处于轮船A的天顶位置，而处于轮船B的天底位置。因此，月球对轮船A产生的引力（即在有月亮的夜晚，一艘轮船所受到的月球引力）为：

$$\frac{kMm}{(D-r)^2}$$

其中，$k=\frac{1}{15000000}$毫克

而月球对轮船B产生的引力（即在没有月亮的夜晚，一艘轮船所受到的月球引力）为：

$$\frac{kMm}{(D+r)^2}$$

将这两个式子相减，我们可以得到这两个引力之间的差值：

$$kMm\times\frac{4r}{D^3\left[1-\left(\frac{r}{D}\right)^2\right]^2}$$

因为$(r/D)^2$的数值$(1/60)^2$很小，我们可以忽略不计，因此这个式子就可以变成：

$$kMm\times\frac{4r}{D^3}$$

整理可得：

$$\frac{kMm}{D^2}\times\frac{4r}{D}=\frac{kMm}{D^2}\times\frac{1}{15}$$

于是，kMm/D^2就是当轮船和月球中心之间的距离为D时，所受到的月球引力的大小。

而一艘质量为m的轮船，在月球表面上的质量会变为$m/6$，因此在和地球中心之间的距离为D的地方，轮船的质量就会变为$\frac{m}{6D^2}$，D的数值相当于月球半径的220倍。于是可以得出：

$$\frac{kMm}{D^2}=\frac{m}{6\times220^2}\approx\frac{m}{300000}$$

二者之间的引力差为：

$$\frac{kMm}{D^2}\times\frac{1}{15}\approx\frac{m}{300000}\times\frac{1}{15}=\frac{m}{4500000}$$

假设这艘轮船的质量为45000吨，那么，在有月亮的夜晚和没有月亮的夜晚，它们之间的质量差便为：

$$\frac{45000000}{4500000}=10\text{千克}$$

因此，在有月亮的夜晚，一艘轮船的质量的确会比没有月亮的夜晚要轻一些，不过并没有轻太多。

月球、太阳与潮汐的关系

前文提到，地球上的潮汐和太阳与月球所产生的引力有关。然而，这其中的关系十分复杂。当月球以它的引力吸引地球上的物体时，地球本身也在承受这样的引力作用。与地球的中心相比，地球朝向月球那一面的海水，和月球之间的距离会更近一些。在之前的内容中，我们计算出了轮船在有月亮的夜晚和没有月亮的夜晚所受到的引力之差，依据同样的方法，我们也可以计算出海水在朝向月球和背向月球时所受到的引力之差。在朝向月球的地球表面上，每千克海水所受到的月球引力是每千克地心物质的$\frac{2kMr}{D^2}$倍；而在背向月球的地球上，每千克海水受到的月球引力是每千克地心物质的$\frac{1}{\frac{2kMr}{D^2}}$倍。

引力的差距，使得这两个地方的海水发生了移动。前者是因为海水受到月球引力所移动的距离，比地球的固体部分要大上一些；而后者的原因则与此相反。

那么，太阳的引力对地球上的海水是否会产生影响？答案是确定无疑的。然而，究竟是太阳的引力所产生的影响更大，还是月球的引力所产生的影响更大呢？如果我们来比较二者的绝对引力的话，那一定是太阳产生的影响更大一些。因为太阳的质量是地球质量的33万倍，而月球的质量只相当于地球的1/81。继续进行换算的话，太阳的质量就相当于月球质量的33万×81倍。地球和太阳之间的距离，大致相当于地球半径的2.34万倍，而地球和月球之间的距离，只相当于地球半径的60倍。于是我们可以计算出，地球所受到的太阳引力，和它所受到的月球引力之比为：

$$\frac{330000\times 81}{23400^2}\div\frac{1}{60^2}\approx 170$$

可见，地球上的物体所受到的太阳引力，要远远大于它们所受到的月球引力，前者约为后者的170倍。因而，有些人进而认为，潮汐所受到的太阳的作用，必定大于它所受到的月球的作用。然而事实上，太阳的引力所引起的潮汐变化，要远远小于月球的引力所引起的潮汐变化。我们可以利用以下公式来得出这个结论：

$$\frac{2kMr}{D^3}$$

我们假设太阳的质量为M_s，月球的质量为M_m，地球和太阳之间的距离为D_s，地球和月球之间的距离为D_m，那么，太阳和月球对潮汐的引力之比为：

$$\frac{2kM_sr}{D_s^3} \div \frac{2kM_mr}{D_m^3} = \frac{M_s}{M_m} \times \frac{D_m^3}{D_s^3}$$

前文提到，太阳的质量大约是月球的2673万倍，而太阳和地球之间的距离，大约为月球和地球之间距离的400倍。因此：

$$\frac{M_s}{M_m} \times \frac{D_m^3}{D_s^3} = 330000 \times 81 \times \frac{1}{400^3} = 0.42$$

也就是说，太阳所引起的潮汐变化，只有月亮所引起的潮汐变化的2/5。我们可以利用这个数据，来计算出月球的大致质量，然而这个数据会存在一定的误差。

不过同学们需要注意：我们无法直接测量出这两种潮汐变化的高度，因为当太阳对地球产生引力作用时，月球也在产生同样的作用；也正是因此，我们不会分别看到这两种潮汐。然而，我们可以在这两种潮汐变化发生叠加或相互抵消时对它们进行测量，从而计算出每一种潮汐的高度。当太阳、月球和地球位于同一条直线上的时候，这两种作用会发生叠加；而在地球和太阳之间的连线垂直于地球和月球之间的连线时，这两种作用则会相互抵消。通过测量，人们发现前者和后者的比值约为0.42。我们假设月球对潮水的引力为x，太阳对潮水的引力为y，则：

$$\frac{x+y}{x-y}=\frac{100}{42}$$

进而得到：

$$\frac{x}{y}=\frac{71}{29}$$

再利用之前提到的公式，即可得出：

$$\frac{M_s}{M_m}\times\frac{D_m{}^3}{D_s{}^3}=\frac{29}{71}$$

即：

$$\frac{M_s}{M_m}\times\frac{1}{64000000}=\frac{29}{71}$$

我们再将太阳的质量$M_s=330000M_e$代入上面的式子，即可得出：

$$\frac{M_e}{M_m}=80$$

从这个式子中，我们可以看出：月球的质量约为地球质量的1/80。不过，这个数据并不是那么精确。天文学家利用更为精确的方法，测量出月球的质量约为地球的1.23%。

月球是否会影响气候？

同学们是否考虑过这样的问题：既然月球的引力会引起地球上潮汐的变化，那么，它的引力会不会对地球上的大气产生影响，进而影响地球的气候呢？事实上，这是肯定的。我们将气候的这种变化称为“大气潮汐”。最早发现这种变化的，是俄国科学家罗蒙诺索夫，他将这一现象称为“空气的波”。许多科学家都研究过这个问题，然而彼此之间也产生了较大的分歧。许多人认为，大气不仅质量很轻，流动性也很强，因此月球的引力对大气的作用一定十分明显。这种“空气的波”，不但可以改变大气的压力，甚至会对地球上的气候起到决定性的作用。

然而事实上，这是一种错误的说法。从理论上而言，大气的潮汐一定会弱于水的潮汐。在这样的情况下，对处于最下层的大气而言，它们最大的密度也只有水的1/1000，那么空气潮汐的高度为何无法达到海水潮汐高度的1000倍呢？这个问题，和不同质量的物体在真空条件下拥有相同的坠落速度一样，令人十分费解。我们在真空玻璃管中，让一个小铅球和一根羽毛同时落下，可以发现它们坠落的速度是完全一样的。而我们在这里所说的潮汐，也可以理解成地球上的水在宇宙的真空条件下，受到月球和太阳的引力进行坠落的过程。所以无论它们的质量是多少，坠落的速度都是相同的，而在万有引力的作用下，它们位移的距离也是相同的。

于是我们就可以弄清楚，大气潮汐和海洋潮汐的高度应该是一致的。并且，细心的同学可能已经看出，公式中并不存在有关水的密度或者是深度的变量，只有月球和地球的质量、地球的半径，以及地球和月球之间的距离。因此，如果我们将这个公式应用到大气潮汐上，所得到的结果也应该是相同的，即大气潮汐和海水潮汐的高度相等。实际上，大气的潮汐并没有多高，理论上不会超过半米，只有在距离地面较近的地方，因为受到地形阻力的影响，潮水的高度才会超过10米。随着科技的进步，科学家已经可以通过太阳和月球的位置来计算潮水的高度，并发明了与此相关的测量仪器。

不过对于大气潮汐而言，理论中这半米的高度不会受到其他因素的干扰，这么小的高度，几乎不会对大气压力产生什么影响。

法国科学家拉普拉斯曾对这一问题进行过深入的研究。结果表明，大气潮汐对大气压力产生的影响微乎其微，不会超过0.6毫米汞柱，它所引起的风速，也不会超过7.5厘米/秒。

所以从本质上讲，大气潮汐并不会影响地球的气候。而那些通过月球的位置来预测地球气候的说法，更是无稽之谈。

名师点评

宇宙万物都在互相作用。自从苹果砸中牛顿，万有引力便被发现，宇宙中的很多现象，诸如“为什么行星围绕恒星转，既不会撞向恒星也不会远离恒星”等问题都可得到解释。万有引力不仅存在于宇宙中，我们的生活中也比比皆是。比如海水每天的涨潮、落潮，就是“月亮惹的祸”；在月球上跳得比地球上高，也是两个天体的引力不同造成的。

本章从身边的种种现象展开，为我们解释了一个个纷繁复杂的物理原理。向天空垂直发射一枚炮弹，它最终会降落到哪里？会落回原地吗？是不是听起来不可思议？作者的一系列推理会让你感受到万有引力的神奇。

科学结论大多源于实验，物体质量在不同高度是否会发生变化？火箭发射到高空，随着远离地球，其重力是不是会减小？科学家在这一节做了大量的实验，让我们一起跟随他们到不同高度的高空去看看质量读数的变化吧。

你知道吗？原来，包括地球在内的太阳系行星的绕日轨道不是正圆，而是椭圆。既然是椭圆，行星有时离太阳近，有时离太阳远，而且不同位置的公转速度也不一样，我们人类竟然没有觉察到，不如去文中了解一下背后的原理。

看到流星记得许愿，我们都渴望看到灿烂的流星划破天际。但是倘若流星体在大气层中并未燃烧殆尽就撞向了地球，我们一定都不希望自己是那个被砸中的“倒霉蛋”。为什么会有陨石撞向地球呢？

太阳系为什么只塑造了八个行星？太阳系的边界在哪里？冥王星以外的天体，太阳还有能力束缚住它吗？让我们解一道方程题，看一看太阳有多大本事。

如何称出地球的质量？如何计算太阳和月球的质量？如何计算行星的质量和密度？哇！这么大的星球，得用多大的称去测量啊？如果真有那么大的称，还没碰到太阳就被烧化啦。不要紧，当你具备了丰富的数学和物理知识，就可以借助万有引力公式来进行推算了，岂不美哉？